【德】诺斯拉特·佩塞斯基安◎著
张世胜　周艾黎◎译

Das Geheimnis des Samenkorns

人人都焦虑，别跟自己过不去

缓解焦虑和抑郁的积极疗法

实战篇

江苏凤凰文艺出版社
JIANGSU PHOENIX LITERATURE AND ART PUBLISHING

图书在版编目（CIP）数据

人人都焦虑，别跟自己过不去 /（德）诺斯拉特·佩塞斯基安著；张世胜，周艾黎译．-- 南京：江苏凤凰文艺出版社，2021.8
书名原文：Das Geheimnis des Samenkorns
ISBN 978-7-5594-5724-0

Ⅰ．①人… Ⅱ．①诺… ②张… ③周… Ⅲ．①焦虑－心理调节－通俗读物 Ⅳ．① B842.6-49

中国版本图书馆 CIP 数据核字 (2021) 第 058150 号

人人都焦虑，别跟自己过不去

（德）诺斯拉特·佩塞斯基安　著　　张世胜、周艾黎　译

责任编辑	白　涵
出版发行	江苏凤凰文艺出版社
	南京市中央路 165 号，邮编：210009
网　址	http://www.jswenyi.com
印　刷	三河市京兰印务有限公司
开　本	880mm × 1230mm 1/32
印　张	10.5
字　数	150 千字
版　次	2021 年 8 月第 1 版
印　次	2021 年 8 月第 1 次印刷
书　号	ISBN 978 - 7 - 5594 - 5724 - 0
定　价	52.00 元

江苏凤凰文艺版图书凡印制、装订错误，可向出版社调换，联系电话 025-83280257

目录 Contents

001 引 言

006 本书的结构

第一章 我们为什么焦虑?

什么引发焦虑？ / 012

处理冲突的四个生活领域 / 014

四种基本关系和榜样 / 019

第二章 积极心理治疗的特殊优势

积极的概念 / 027

深入冲突之内 / 030

积极心理治疗的五个阶段 / 031

组内自助——积极心理的自助方法 / 036

用于处理冲突的调查问卷 / 039

第三章 孩子太懒了，可能有内情

渴望父母认可的懒散孩子 / 047

积极心理治疗对懒惰与成就的认识 / 052

来访者—咨询师反馈 / 059

当你总是莫名其妙生气时，您可以这样做 / 061

第四章 一考试就紧张

被迫满足父母要求的女儿的反抗 / 065

积极心理治疗对考试焦虑的认识 / 068

来访者—咨询师的反馈 / 072
当你总是被迫满足别人的需要时，您可以这样做 / 074

第五章 当众发言成为一种折磨
高敏感型人格的社交压力 / 079
积极心理治疗对社交恐惧症的认识 / 083
来访者—咨询师的反馈 / 084
当社交压力太大时，您可以这样做 / 086

第六章 身上的责任太重了
高自尊型人格的成就渴望 / 091
积极心理治疗对成就焦虑的认识 / 095
积极心理治疗对于感受现实的认识 / 095
来访者—咨询师的反馈 / 099
当人生不再按计划开展时，您可以这样做 / 100

第七章 心脏不受控制了
高容忍型人格的情绪创伤 / 105
积极心理治疗对心脏疾病的认识 / 110
来访者—咨询师的反馈 / 111
当您也有心脏疾病时，您可以这样做 / 113

第八章 工作越投入，人就越疲惫
高道德感型人格的责任焦虑 / 117
积极心理治疗对职业倦怠综合征的认识 / 121
来访者—咨询师反馈 / 122
想要摆脱平庸的日常时，您可以这样做 / 123

第九章　想到要上班，心情就抑郁

消极谨慎型人格的完美主义 / 129

积极心理治疗对焦虑和抑郁的认识 / 134

来访者—咨询师的反馈 / 137

关于抑郁症的一些意见 / 140

第十章　皮肤病让人无法忍受

高度不安型人格的失控生活 / 146

积极心理治疗对过敏反应的认识 / 150

来访者—咨询师的反馈 / 152

当您也被过敏症困扰时，您可以这样做 / 153

第十一章　遭遇职场霸凌怎么办?

玻璃心患者的职场挫折 / 157

积极心理治疗对职场霸凌的认识 / 162

关键冲突：礼貌与诚实 / 163

来访者—咨询师的反馈 / 171

第十二章　我为家庭奉献了自己的人生

奉献型人格的失衡人生 / 176

积极心理治疗对家庭妇女的焦虑症状的认识 / 180

来访者—咨询师的反馈 / 181

如果您也是一位奉献型家庭主妇，您可以这样做 / 182

第十三章　一谈恋爱就忧心忡忡

恋爱脑情境中的亲密关系挫伤 / 188

积极心理治疗对亲密关系的认识 / 191

来访者—咨询师反馈 / 194
在亲密关系中遭遇背叛时，您可以这样做 / 196

第十四章　分离是人生必经的阶段
被抛弃情境下的空巢妈妈 / 201
积极心理治疗对空巢综合征的认识 / 203
来访者—咨询师的反馈 / 204
当孩子开始了大学生活，您可以这样做 / 205

第十五章　摆脱感情陷阱
施舍型人格的亲密关系困境 / 211
积极心理治疗对感情陷阱的认识 / 213
伴侣关系中的权威和让步 / 215
来访者—咨询者的反馈 / 217
理想的伴侣关系 / 219
如果你也总是遭遇渣男，您可以这样做 / 221

第十六章　分手是心灵的重逢
自我价值缺失型亲密关系的创伤 / 227
积极心理治疗对分手和离婚的认识 / 233
来访者—咨询师的反馈 / 237
爱的四个维度 / 239
处理婚姻冲突，您可以这样做 / 241

第十七章　耳朵里的声音越来越响了
控制欲人格的脱序焦虑 / 245
积极心理治疗对耳鸣的认识 / 250

来访者—咨询者的反馈 / 252
如果你也有听觉紊乱的困扰，您可以这样做 / 256

第十八章 甜食可以治愈生活的苦
基础病患者的生活焦虑 / 261
治疗的五个阶段 / 264
积极心理治疗对糖尿病的认识 / 266
处理冲突的四种形式 / 267
来访者—咨询师的反馈 / 268
当您遭遇慢性疾病困扰时，您可以这样做 / 270

第十九章 我已经不能再工作了
完美型人格的高目标渴望 / 275
积极心理治疗对中风和动脉硬化的认识 / 278
来访者—咨询师的反馈 / 280
因疾病失去身体的控制力时，您可以这样做 / 282

第二十章 别为不确定而困扰
神经质人格的失去悲伤 / 287
积极心理治疗对悲伤和死亡的焦虑的认识 / 291
来访者—咨询师的反馈 / 294
面对无法避免的失去时，您可以这样做 / 297

第二十一章 衰老是不可避免的
未雨绸缪型人格的晚年人生 / 304
积极心理治疗对晚年困惑的认识 / 307
来访者—咨询师的反馈 / 308

当你也担心青春不再时，您可以这样做 / 310

314 结 语

316 谢 词

318 附表 A 汉密尔顿焦虑量表（HAMA）

322 附表 B 成人心理压力量表

324 参考文献

引 言

蝴 蝶

有一只蝴蝶误打误撞地飞进了我的房间。它不知疲倦地一次又一次撞向玻璃窗，直到筋疲力尽地栽到窗台上。过了一会儿，它又挣扎着爬起来，继续用头撞向那扇在它的认知里并不存在的玻璃窗。它没意识到，紧挨着窗户的阳台门大大敞开着。

——德国运动心理治疗师艾丽卡·格鲁伯

只要人们聚在一起生活，就一定会产生很多误会、困难、矛盾和冲突，这些都可能引起人们的焦虑与压力。

无论是处理与自己、伴侣、周围人的关系，还是面对自己的人生目标，我们都会受到各种因素的影响，变得焦虑和不安。为了解决心理问题，需要寻找新的心理治疗和自疗方法，既要经济有效，又要切合实际。

健康的人，不是那些在生活中没有问题的人，而是那些能够战胜自己，以积极的态度和恰当的方法处理问题的人。也就是说，他们善于沟通，善用充满想象力的方法解决问题。

然而我必须强调，不是我们不会应对那些在工作中、感情上以及婚姻生活中遇到的问题，而是因为我们不具备解决这些问题所必需的先决条件。就像那只一直往玻璃上撞的蝴蝶一样，我们也在不断地重复同样的错误。

下面的两个例子能够告诉大家，什么叫以积极的态度和想象力的思维来看待问题。

- 丈夫下班回家，惊讶地发现桌上放着一个蛋糕，妻子正在点蜡烛。他不解地问道："今天有人过生日吗？"妻子回答道："有啊，今天我的大衣满15岁了。"
- 老板走进一位员工的办公室，见他正趴在办公桌上睡大觉，立马把他推醒，生气地说道："你知不知道你已经在上班时间睡了一个小时了？"这位员工回答道："知道啊，您说得很对，但我这一个小时梦到的全是工作。"

▶ 通过心理治疗与自我调节消除心理问题

难道人们只有离婚之后才能认识到婚姻的好处？只有得了心肌梗死才能了解健康的重要性？只有等到自杀未遂时才能明白心理健康的意义？

焦虑、压力、冲突和紊乱来源于人们的日常生活。比如，婚姻问题的根源往往在于，伴侣双方之间的关系是否融洽，人们对自己和其他社会关系的态度也会有所影响。又比如，您在工作和感情上遇到了问题，可以选择消极的处理方法，辞职、离婚、借酒消愁、沉溺于大脑创造的虚幻世界，甚至是出于报复而另觅新欢。但也可以选择用积极的态度去面对。这些都是自我调节的方法，只不过有些方法可能会带来更深层次的混乱。解决问题的关键在于要找到各方都能接受并且切实可行的自助方法。

本书将要介绍的便是这样的方法。

我们希望能为各位读者找到各种可能的、积极的、富有想象力的解决问题的方法；希望所有想要摆脱生活中烦恼的人们都能够阅读本书，包括医生、心理治疗师、心理学家、老师以及其他教育工作者、年轻人、大学生、企业管理层和商人等各种职业。

▶ 焦虑状态的多种表现形式

如今，几乎每个人都在抱怨自己很焦虑，心理治疗师甚至在刚上幼儿园的孩子和小学生的身上也能诊断出焦虑的症状。那么焦虑到底是一种什么样的状态呢？是时间上的焦虑，还是做不完的工作焦虑？或者是所有的因素组合在一起的焦虑？人们该如何判断自己是否处于焦虑的状态呢？尤其那些经常抱怨焦虑的人，是真的处于焦虑状态吗？医学界将焦虑定义为一种表现出特殊症状的机体状态，可能由各种非特殊刺激引起。焦虑也可以理解为一种身体未适应外界影响的状态。

这种来自外部的影响和刺激是各种各样的。它可以是对疾病的焦虑、过度的刺激、极端的工作环境、爱好及娱乐活动、家庭矛盾冲突、对生存和未来的焦虑等。

个人因素也是造成焦虑的原因之一，比如沉默寡言、道德观念过强、热爱购物、缺乏锻炼以及过分追求成绩等。

想要积极地面对焦虑状态，我们应该了解以下几点：

1. 每个人都不能脱离所处的社会环境单独存在，所以每个人都不可避免地受到周围环境的影响。
2. 每个人的个性不同，应对外界影响的态度和方法也有所不同。身体条件、工作经历、文化环境、伦理知识以及世界观等方面的经验塑造了每个人的独特之处。我们的目标是从处理冲突的四个生活领域中充分认识自己的个性，从而让各个生活领域达到平衡。
3. 每个人都有可能将学过的解决问题的方法在实践中应用，并最终找到克服焦虑的方法。在感觉焦虑的情况下，相信自己有能力控制并影响事态走势，对成功克服焦虑状态有着重要的意义。

一项相关研究的结果有力证实了这一点。研究对象是两组工作在嘈杂环境中的工人：机器的轰鸣声、大街上的交通噪声、周围人的聊天声。第一组工人可以通过按钮屏蔽噪声，第二组则不能。结果表明，第一组的工作效率明显高于第二组。令人惊讶的是，第一组中并没有人去使用按钮。显然，知道按钮的存在对他们来说已经足够了。

每个人都需要这样的按钮，它能够帮助我们更好地控制焦虑感。其实，大多数发生在个人生活和社会生活中的事件都可以被控制和管理。

本书的结构

在本书中，我会以在实际生活中治疗过的、各个年龄阶段、从事不同职业的患者为例，为大家找出克服焦虑的方法。每一章的内容主要分为六个部分：

1. 故事与格言：无论是在诊所中，还是在各种研讨班和报告会上，我都发现来自东方的民间故事和格言能启发患者思考自己焦虑的原因。
2. 心理治疗师与患者的首次谈话：心理治疗的第一步是实现与患者的首次谈话。它代表着患者康复的可能性，同时有助于建立心理治疗师与患者之间的信任关系。
3. 治疗过程：在心理治疗的过程中，心理治疗师会与患者一起找出积极且正确地对待问题的态度。
4. 积极心理治疗对问题的认识：让读者了解在心理学上对这些问题的专业解读，以及扩展相关知识，这也有助于读者更好地分析自己的问题。

5. 患者对问题解决的看法：患者在心理治疗过程中同心理治疗师一起找到的解决方法以及在实际生活中运用的效果。
6. 心理治疗师对问题解决的看法：每一章的结尾是对整个治疗过程的总结。在部分章节的结尾还附有指导性的问题，帮助患者和读者全面地理解他们的问题。

我希望通过阅读本书，读者能在如何与自己或者他人相处的问题上有新的发现，以积极的态度克服焦虑状态。

第一章　我们为什么焦虑？

Das Geheimnis des Samenkorns

人的一生

上帝创造世界的时候，人对他说：“既然你把我创造出来，那么就请告诉我，我能活多久？我怎么生活？我怎么养活自己？我应该做什么工作？”上帝回答道：“你可以活30年，可以吃任何有益于健康的食物，你的工作就是掌控世界。”人继续问道：“上帝，感谢你赐予我美好的生活，但我觉得30年太少了。”上帝只是回答：“你走吧，坐到那边的角落去。”

这时，公牛走上前来说：“上帝，既然你把我创造出来，那么就请告诉我，我能活多久？我怎么生活？我怎么养活自己？我应该做什么工作？”上帝回答道：“你看到那边坐在角落里的人了吗？他将会是你的主人。你的工作是犁田和拉车，食物是青草和麦秆，你可以活30年。”公牛又说：“上帝呀，我过得太惨了，让我少活几年吧。”角落里的人听到这话，赶紧向上帝示意说：“让它少活几年，把它的生命给我吧。”上帝笑了，说：“那你就拿走公牛的20年吧。”于是，人得到了公牛的20年生命。

狗走过来问了同样的问题。上帝回答道：“那个人将会是你的主人。你的工作是替他看房子、保护羊群和一切财产。你的食物是扔在桌上的面包皮和肉骨头，你也可以活30年。”狗说：“上帝呀，这30年太漫长了，我不想要那么久的生命。”人听了这话，赶紧又向上帝悄声说：“让它少活几年吧，把它的生命给我吧。”上帝说：“那好吧，那你也拿走狗的20年生命吧。”现在，人可以活70年了。

最后，猴子也问了同样的问题。上帝回答道：“那个人也是你的主人。你以各种坚果和水果为食。你的工作是想办法让他和他的孩子开心，同样可以活30年。”猴子痛苦地说：“上帝呀，我活10年就够了。”人很高兴：“那正好，把它不要的生命给我吧。”上帝说：“那你就拿走猴子的20年吧。”于是，人又得到了猴子的20年生命。

就这样，人会先过30年自由自在的人类生活。从30岁开始过20年的公牛生活。他的脖子像套上了牛绳，努力工作，辛辛苦苦地养活家人。等他到了50岁，变得像狗一样死守着自己的财产。他成天看什么都不顺眼，为每一件鸡毛蒜皮的小事骂骂咧咧。终于，人70岁了。在人生最后的20年里，周围人把他被当作小孩，甚至当成猴子一样捉弄和嘲笑。

什么引发焦虑？

▶ 对未知的焦虑

自从来到这个世界上，我们便置身于一个不断变化的环境中，就像我们自身无法把控的命运一样。在儿童时期，我们逐渐意识到自己的存在。经过青春期，我们迈入了成年人的世界，进入职场，组建家庭，开始承担起父母的责任。人到中年，迎来了更年期，我们对人生的意义产生了怀疑。退休又意味着生活即将发生巨大改变。到了暮年，我们不得不面对死亡临近的事实，并为这最后的归宿做好准备。

人在不同的年龄阶段都会因为不同的事情而焦虑：学习差的学生担心自己成绩，害怕考试；青春期的孩子会对自己渴望的东西感到焦虑，比如与异性的关系、同龄人和长辈的认可等。长大之后，参加工作了，又要在最好的时光中操心一切，害怕生病与失业，害怕失去财产与地位。在临近退休时，人们又会产生对晚年生活的焦虑感，害怕社会不再需要自己、熟悉的朋友远离自己、已经习惯的生活节奏骤然改变等。

生命的每一个阶段、每一个过渡、每一个转折都会引起未知的、能带来恐慌的风险。人会对一切未知的东西感到焦虑。这种未知的东西可能来源于自身，也可能隐藏在逐渐发展的个性特点之中。因各种变化造成的焦虑状态，会出现在各个年龄段的人的身上。在人的一生中，焦虑会对人格的发展产生相当大的影响，因为一般人都倾向发展自己性格中有价值的、熟悉的一面，而另一面往往被忽视。

有一种难以跳出的固定模式的焦虑，也就是“本性难移”，心理治疗师称之为“影子焦虑”。比如，男性倾向于突出自己坚强阳刚的一面，而压抑自己的充沛情感；女性则习惯被动，不会积极主动地追求感情。

▶ 造成负担的生活琐事与矛盾

一般人都承认，生活中的某些特定事情很容易造成心理负担，比如工作变动、搬家或是亲人去世。但很少有人注意到，像伴侣不守时、火车晚点、同事不可靠等小事也能导致心理创伤，诱发疾病。

由于人和人之间的差异，以上因素对每个人的影响程度不尽相同。轻松安逸、没有焦虑的生活在工业国家几乎是不可能出现的，无论是在私人生活中或是在生意场上都是如此。根据多次调查结果显示，伴侣的离世是诱发焦虑、压力和紧张的最大因素；其次离婚也会造成很强烈的刺激；接下来是工作上的焦虑因素，即被辞退、承担新工作和遥遥无期的晋升；排在焦虑因素列表末端的是搬家与休假。

处理冲突的四个生活领域

当我们遇到问题觉得生气、感到不堪重负、被人误解、长期处于紧绷的状态之中，甚至找不到生活的意义时，我们会通过四个生活领域将这些问题表现出来，与之相对应的是认识能力的四种媒介。借助它们，我们可以认识到自己是如何感知自己与世界的，以何种途径对现实进行检验的。

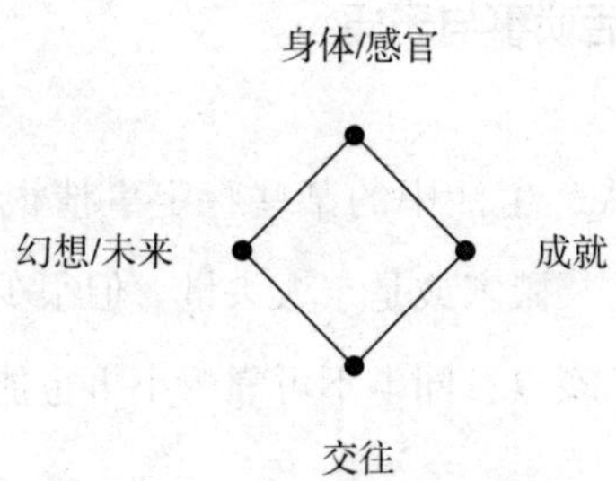

图1　生活的四种质量（处理冲突领域）

- 身体（感官手段）
- 成就（理智手段）
- 交往（习俗手段）
- 幻想（直觉手段）

比如，父亲会选择逃避到工作之中（成就）；母亲会选择忍让，回避社会交往（交往）；孩子则会产生生理上的不适（身体）。

每个人都有不同的处理冲突的方法，很大程度上取决于以往的生活经验。

以下具有普遍指导性的问题可以帮助我们抓住冲突的重点。

- 假如出现了问题，您会做何反应？面对冲突，您是否会通过身体领域、成就领域做出反应？是主动寻求外界帮助还是凭借自己的想象力解决？
- 您认同哪种说法？比如，我只相信我理解的东西，或是父母教给我的东西，或是我自己想到的东西。
- 您家里信奉的准则是什么？比如，人是铁，饭是钢；您会什么，您就是什么；命运天注定。

形象地说，这四个方面就像一位马不停蹄（成就）向着目标（幻想）前进的骑手。为此他需要一匹精心喂养的好马（身体）。为了防止马把他掀下马背，还需要一位扶他上马的助手（交往）。

▶ 身体/感官

也就是身体与自我的感觉（“体我感”）。人是如何感觉到自己身体的？感官又是如何觉察来自外界的印象的？

焦虑因素：自己或者亲人生病、疗养、做手术、过度的声音刺激（噪音、音乐、某个固定时段的嘈杂声）、视觉刺激（周围环境、城市交通、电视、广告）等。

身体对冲突的反应：运动（锻炼或懒散）、睡眠（睡眠很好或睡眠障碍）、饮食（暴饮暴食、忧郁引起的肥胖、厌食或食欲消退）、性欲（玩弄女性、慕男狂、拒绝性生活）、机体功能紊乱和心身反应。

精神病理学症状：对狭窄空间的焦虑、感到自己受到威胁却无计可施、内心的不安和焦虑。

精神运动性症状：用表情表达情绪、不安。

自主性症状：脸色苍白、出虚汗、瞳孔扩大、心跳加速、腹泻、口干舌燥、血压升高、血糖上升、性欲及性交能力减退。

▶ 成就/理智

该领域在工业发达的社会尤为重要，特别是欧美，比如影响价值标准形成的方式，如何将此标准融入自身的行为准则。借助思考和理解，人们能够系统地、有针对性地解决问题并且提高自己的成绩。面对冲突时，人们会做出两种截然不同的反应：更努力地工作或是在焦虑之下退缩。

焦虑因素：对工作现状的不满、辞退、退休、晋升或晋升失败、岗位调动、有新的同事或上司、老同事辞职等。

典型症状：无法实现自身价值、力不从心、紧张、害怕失败、注意力不能集中、精神恍惚而引发各种缺陷的症状（退休引起的神经衰弱、无精打采、成就障碍、逃避到工作当中）、追名逐利、强烈的成就欲、低危抑郁症、思维障碍、文明疲劳症、工作障碍、懒惰、爱竞争、虚弱无力、萎靡不振、消化不良、失眠、酗酒、药品依赖等。

▶ 交往/习俗

个人的学习经验和传统文化共同影响到人们的社会行为方式。比如，我们希望自己的伴侣具备礼貌、诚实、公正、有秩序观念的品质和一些固定爱好，那么我们一定会在这些标准范围内挑选合适的人。解决冲突的一种方法是将我们与周围环境的关系作为疑难问题提出并加以讨论。一个极端的例子便是逃避到社交关系当中，在安全的环境和群体活动中求得问题的解决方法。我们会试图通过与别人交谈获得同情和支持，比如我和婆婆有矛盾了，我通常会给朋友打几小时的电话诉苦。但也有人会选择独处，与让自己不安的人保持距离，尽量避免社交和与他人接触。

焦虑因素：谈恋爱、结婚、生育、与重要的人（伴侣、子女、父母、朋友）分离、离婚、建房子、搬家、经济问题、人际冲突等。

典型症状：拘谨、下意识的控制欲、社交焦虑、交际欲望强烈或不爱交际、爱交朋友、独来独往、害怕分别、言过其实或轻描淡写、许诺、善意的谎言、恐吓和诅咒、散播谣言、称赞或背后中伤他人、愚弄或开玩笑、嘲讽或玩世不恭、自言自语、谩骂他人、强迫症、信誓旦旦、孤立少数、歧视他人、暴力、刑事犯罪或经济犯罪、群众性暴力行为、利己主义以及挑起争端等。

▶ 幻想/直觉

直觉似乎与做梦及幻想时的心理过程有关，它同样是处理问题和冲突的一种方式。幻想和直觉超越了现实，包含了某项活动的意义、生活的意义、愿望、对未来的憧憬以及类似于乌托邦的事物。各种世界观与宗教利用幻想与直觉的能力及人们的需求，搭起通向遥远的未来（死亡、来世）的桥梁。

焦虑因素：死亡、损失财物、自我质疑、职业或个人前途坎坷、退休、衰老等。

面对冲突的反应方式：激活想象力，在幻想中解决问题，或在脑子里想象取得盼望已久的成功的画面；在想象中惩罚，甚至杀死自己痛恨的人。作为一个私密的世界，幻想可以保护人们免受来自现实世界的伤害，借助酒精为自己营造一个暂时愉悦的氛围。它能暂时抹去一桩恶行或与伴侣分离的痛苦，但它也会使人惊恐。过于沉溺妄想之中，反映出内心的焦虑使人难以在现实世界中生活。幻想与感知过度交织在一起，人会出现精神分裂症中的妄想症。

典型症状：自我认同能力的丧失、强迫性感谢、焦虑症、视宗教为人生目标、生存焦虑、死亡焦虑、悲观主义（在我身后，哪管洪水滔天）、情绪变化无常、束手无策、意志薄弱、态度消极、预期焦虑症、灰心丧气、迷信、意图自杀、精神性死亡。

四种基本关系和榜样

令人不快的事件对情绪的影响程度也取决于一个人与周围环境的关系。每个人都会以自己独特的方式与外界建立联系。这大概分为4种基本关系：与自我、与你、与我们、与原始的我们的关系。每一种关系的形成与发展都受到一种典型的榜样影响。

与自我的关系，榜样是自己与父母、兄弟姐妹的关系；与你的关系，榜样是父母之间的关系；与我们的关系，榜样是父母与周围世界的关系；与原始我们的关系，榜样是父母与宗教或者世界观的关系。在一个小家庭里，父母及兄弟姐妹与孩子的接触密切，这为他提供了社会关系的范本。

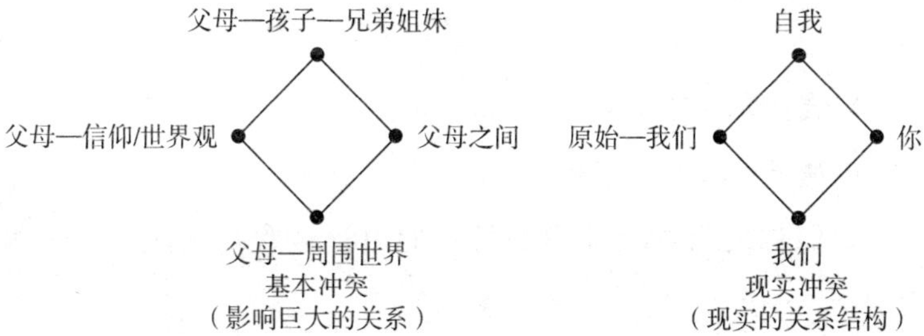

这四种基本关系为我们认识人的社会关系提供了新的思路，这种关系被我们称为交往。交往缺乏，意味着某一种特定的交往受到了影响，多数情况下涉及的是与你、与我们的关系。这种情况一般被称为欠缺症状，但在此处不能确定的是交往形式和现实能力。这些现实能力就像是一个筛子，在开展社会关系前先用来过滤一遍，比如不邀请别人来家里做客，是因为客人会扰乱自己正常的生活节奏。请客也是一笔花销，也就是说会动摇自己的节约原则。若缺乏基本现实能力的支持，我们与自我的关系会因为失败（勤奋/成就）而受到影响；与你的关系可能由于性欲、忠诚、信任等方面出现矛盾而受到影响；在诚实、公正、希望等方面期待的落空又会影响与原始的我们的关系。

▶ 现实能力

就像之前文中提到的，造成人们困扰的往往不是生活中的大事，而是在生活中经常出现的微小创伤，它们直击人的敏感与脆弱，最终演变成为潜在的冲突因素。这种潜在的冲突因素可分为两类：

以成就为导向的社会心理标准。

以情感为基准的范畴。

我们称之为现实能力的特定能力都包含在这两组冲突因素中。

符合成就标准的称之为继发能力，如准时、遵守秩序、节俭、整洁、勤奋、服从、礼貌、诚实、忠诚、公正、可靠与细心。

符合情感标准的有爱、耐心、信任、性欲、时间、榜样、交往、希望、认同及信仰等原发能力。

在社会化的过程中，人们的现实能力在内容上逐渐形成与发展，继而被当作行为纲领进入人们的自我意识中。它决定了人们如何看待自己、如何感知周围世界以及解决问题的规则。有些人十分看重勤奋、节俭的美德；有些人则强调秩序、准时、交往、公正、礼貌和诚实等品质。因为场合、特定的对象以及社会状况的不同，每一个标准的重要程度也会发生改变。在人与人的共同生活以及个人的经验中会出现各种不同的价值取向，它们相互碰撞和摩擦，造成了意见的分歧和焦虑状态。

纲领指导人的行为。例如，当某个人的人生宗旨是“节俭才能致富，富有才能成功”，该宗旨就会影响他的生活和行为，对待身体的态度、饮食习惯、欲望的满足、职业、伴侣、人际关系、创新能力和个人的前途等。当这一宗旨与其他的行为纲领相结合时，基本就能决定这个人的行为方式：“请客就是浪费钱”“对我来说，只有事业成功才重要”“当前最重要，此后的事情我管不着”“宁愿招待老鼠也不招待亲戚”“只有涉及自己的利益时，我才需要别人”。

原则与感情紧密联系在一起。一旦发生冲突，很可能会产生抗拒情绪与焦虑。这里有两种相互矛盾的方式：礼貌与诚实。

礼貌意味着能够适应周围环境、融入新的集体和说“是”的能力，代价是压抑自己的欲望以及焦虑。

诚实是一种能公开表达自己的需求、相信自己、坚守自己立场的能力，同时也意味着会带有攻击性。

这就像是一个中心调控台，决定了处理冲突的下一步方向。也就是说，产生抱怨、焦虑、抑郁、攻击性及身心紊乱的背后，往往隐藏着需要达到一定标准的因素，比如工作中的困难、不会管教孩子、长期无法解决的婚姻问题都可能会导致头痛、失眠、焦躁不安或带有攻击性。

“当我知道女儿的学校要进行数学考试时，就会坐立不安，直到我看到她的成绩单。如果成绩不错，我的不安就会消失；如果成绩糟糕，我就会觉得心脏不适。”（女性，32岁，育有3个孩子，患有心脏不适和血液循环紊乱；冲突领域：成就、信任和希望。）

“我不得不放弃我的工作了，尽管我很愿意在那工作。因为我有好几项重要的任务没能很好地完成，我的老板觉得我不够认真。他还总是认为我的办公桌太乱了。我经常迟到5到10分钟。”（女秘书，27岁，患有抑郁症和血液循环障碍；冲突领域：秩序、准时和耐心。）

“要是和我丈夫说整洁和时间观念，那等于对牛弹琴。晚上，我总是等他到很晚很久，因为他从来不告诉我什么时候到家。他的东西也到处乱扔，为此我总是暴跳如雷。”（女性，28岁，患有剧烈头痛、抑郁症和性生活障碍，无内科及精神病科病变；冲突领域：秩序、准时、耐心、信任和希望。）

从这些例子中我们可以看出，冲突事件影响的是人的整个机体。内分泌系统及植物神经系统面对情绪波动时会产生明显的反应。激素和由中枢和末梢神经细胞制造的神经递质就像信号一样，引发机体的变化。有可能会产生功能性障碍，甚至会引起由心身障碍造成的器官性病变。我们已知的焦虑综合疾病包括胃溃疡、十二指肠溃疡、功能性的心脏病、头痛、下腹不适、风湿性疾病、哮喘和神经性皮炎等。

第二章　积极心理治疗的特殊优势

Das Geheimnis
des
Samenkorns

梦的解析

从前东方有一位国王，他做了一个可怕的梦，梦见他的牙齿都掉光了。他非常害怕，赶紧将解梦师叫了过来。解梦师一脸担忧地听完国王的讲述后说：“陛下，我不得不告诉您一个不幸的消息。您的亲人会像您的牙齿一样，一个接一个地离开您。”国王勃然大怒，下令将这位解梦师关进牢房。之后他又召见了另外一位解梦师。第二位解梦师回答道：“陛下，我感到十分幸运，这是一个好兆头，您会比您所有的亲人都长寿，他们都会比您先离开人世。”听了他的解释，国王感到非常高兴，并重赏了他。

国王的侍臣非常惊讶，向解梦师问道：“实际上，你和前面那个可怜人说的没什么不同，为什么落到他头上的是惩罚，而你却得到了奖赏？”这位解梦师回答道：“的确，我们两人对梦做出了相似的解释，然而在生活中，有时重要的不在于你说了什么，而在于你怎么说。”

积极心理治疗是一种围绕内心冲突展开的治疗方法，基于以下三个方面：

积极的原则。

深入挖掘冲突的内容。

分为五个阶段的治疗与自疗。

积极的概念

积极心理治疗中强调的“积极”是指，治疗的首要任务不是排除某一特定的紊乱障碍，而是尝试调动患者本身的能力和自疗潜力。其概念符合拉丁文原意，表示实在的、既定的意思。对于个人或者家庭，实际存在和已有的不仅仅是紊乱和冲突，还有应对这些冲突的能力。

大多数心理治疗的出发点是各种紊乱、疾病等消极因素，我们则认为人的能力是核心和本质。冲突、焦虑状态、内心与人际关系紊乱的潜在根源往往是那些被压抑的或片面突出的能力，可能会以抑郁、焦虑、对抗、情绪紧张、举止异常和心身紊乱的形式表现出来。

▶ 对人的积极认识

积极心理治疗遵循的原则是：每个人都具有两种基本的能力，即认识能力和爱的能力。这两种基本能力存在于人的本质之中。由于每个人身体状况、周围环境及生活时代的不同，这两种基本能力也会随之发生变化，最终每个人都能形成独一无二的性格特征。

积极心理治疗认可现实状态下的人，同时也在他们身上看到未来可能的发展方向。这意味着先要接受人以及其患有的紊乱和疾病，再去发掘隐藏在疾病之后的能力。在这个意义上，疾病也有积极的意义：

抑郁是指以最深的情感来回应冲突的能力。
害怕寂寞意味着有与他人交往的需求。
情欲冷淡是一种用身体反应拒绝他人的能力。
厌食症是一种靠很少的食物就能维持生命的能力。

对疾病的积极解读能让我们转换视角，为心理治疗中心理治疗师与患者间的合作奠定基础，只有这样才能长久地、彻底地解决现存的问题和冲突，只有通过这种方法才能从表面的症状深入到冲突之内。

▶ 跨文化的视角

在积极心理治疗的过程中，跨文化的思维方式是最为重要的一环。在跨文化的视角中，我们会提出一些问题，比如面对同样的问题和冲突，其他文化圈中的人们是什么样的想法和评价？拥有同样的文化背景的人或者家庭又是如何处理这些问题和冲突的？

当人们发现，同样的行为在不同的时代或文化背景下的评价标准不尽相同，在这里显得怪异，在那里可能是恰到好处了，这样人的眼界、思维才能打开。人们不再仅仅根据固定的价值标准来衡量某种行为，而是将这些标准与其他的标准进行比较。通过比较，人们既能打破原有的偏见和固执己见，也能排除人际交往中的障碍。

下表中汇集了一些典型的东西方不同的观点和行为方式，并对其进行对照和比较。此处的西方指的是中欧和北美的工业国家，代表了西方的行为方式和思维，东方则是地理概念上的亚洲和非洲。

行为 / 纲领	西方	东方
问候	“您最近好吗？” “我很好，谢谢。您呢？” 在西方国家，“我”是个人认同感的出发点。人们普遍认为，如果自己一切都顺利的话，那么我的家庭、工作都没有问题。	“您怎么样？您的家人还好吧？” 东方的行为纲领则是另一个侧重点：如果“我”的家人们都好，那么我也很好。家庭和集体属于个人认同感和自我价值的范畴。

续表

行为 / 纲领	西方	东方
生病	生病的人希望不被人打扰，只有很少的人来看望他。探望会被视作监视。	如果有人生病，比如骨折，家人们会把他的床抬到客厅。患者是家庭的中心，朋友、亲戚都会来看望他。那些不来看望患者的人会被视作没有同情心。
抑郁	中欧和美国人的抑郁通常是因为缺乏交往，被孤立，感受不到情感上的温暖和关爱。主要表现为孤立于社会，重视秩序、干净，特别是节俭。	在东方，抑郁症更多是因为人们承担了太多的社会责任和复杂的社会关系。人们最害怕失去生育能力、社会威望以及未来发展的可能性。

深入冲突之内

想要理解人与人之间的冲突，我们必须先要了解冲突的内容。它不是一成不变的，而是运动的、发展的。这在我们与重要的人的交往中表现得尤为明显，比如我们的长辈、父母、兄弟姐妹、人生伴侣[①]和子女。

即使您希望通过本书找到解决自己问题的方法，也必须先要深入了解冲突的内容。根据积极心理治疗的纲领，健康的人不是那些没有遇到过冲突的人，而是学会用恰当的方法应对冲突的

① “伴侣”及“伴侣关系”在德语中既可以指婚姻中的夫妻关系，也可以指未婚同居的伴侣。

人。此处的“恰当”指的是不忽略四个生活领域中的任何一个，也就是把自己的精力和时间，尽量平均地分配到各个领域中。

这就意味着，治疗不能局限于一个方面，比如身体或心理，而是必须兼顾所有的领域，这可以说积极心理治疗是一个整体性概念。只有当四个生活领域间的关系适宜，才能维持心理平衡。要做到这一点，最关键的是要拥有积极的、有创造性的思维能力。这种很多人已经失去的能力其实是可以重新学到的。

根据我的观察，就处理冲突的形式而言，北美和欧洲主要关注身体和成就领域，而在亚洲，交往和幻想领域更为重要。

在个人领域中，四个生活领域的片面发展，除了表现出来的心身反应外，也体现在四种逃避反应中：逃避到疾病中（躯体化）、逃避到社会活动和成就中（理智化）、逃避到孤独和社交中（理想化或轻视）、逃避到幻想中（拒绝承认现实）。

积极心理治疗的五个阶段

日益增加的负担和紧张会导致患者生病，通过积极心理治疗，患者能在相对较短的时间内调动其自疗潜能。通常情况下，患者进行了6到10次的治疗之后，症状就会减轻或者痊愈。在治疗期间，这五个阶段始终处于一种变化的相互作用之中。它们并不是按照一个接着一个的顺序进行，而是作为一个完整的、富有生命力的过程交织进行。

本书列举了一系列的案例，旨在向读者介绍治疗过程中，面对不同问题所采取的处理方式。几乎在所有案例中，患者的配偶都参与了治疗。

▶ 第一阶段：观察、保持距离

患者最初就像站在一幅画面前的人，他的鼻尖几乎可以碰到画上，但他只能看到很小的一个部分，而不是全部。第一阶段的目标是尽可能全面地掌握患者的焦虑因素与冲突，并做出具体内容上的描述。为了达到这一目的，心理治疗师会请患者写下，他因为何事、何人以及在何时生气，哪些事情会让他心情愉快。借助心理治疗师对症状的积极阐释，患者开始学会区分冲突，用积极且客观的角度看待自己的症状，从而深入了解冲突。

您可以这样做

- 记录您因何事生气，又因何事高兴，并将这些情况进行仔细地描述。
- 不要评论这些事情，暂时只进行描述。
- 不要和别人讨论，要自己回想并记下这些问题是在什么情况下发生的，最好还可以记下在什么情况下不会出现这些问题。
- 设想其他的可能性，比如在某一次特定的冲突中，您还可以有什么其他的做法。

假设，B先生在公司里担任要职，总是很晚才能回家。孩子们几乎只有在星期天才能见到他。他没有时间陪伴孩子们，因为即使是周末他也要加班。

现实情况，妻子说："你现在就得做出选择，是要你的工作，还是要我和孩子们？"

理想状态，妻子说："我知道你的工作非常忙，我们也非常佩服你。我们能帮你做些什么吗？好让你能有更多的时间和我们在一起？让我们齐心协力一起渡过这个难关。"

▶ 第二阶段：调查整理

本阶段是要了解患者在自己及伴侣身上观察到的解决冲突和克服焦虑状态的方法。结尾的调查问卷围绕处理冲突的四个生活领域以及各种现实能力展开讨论，目的在于挖掘冲突的根源，学习处理问题的各种方法。

您可以这样做

- 当问题出现时，您在哪些领域中会做出反应？身体/感官、成就、交往还是幻想/未来领域？
- 回想过去，思考一下，您和父母、父母之间的关系如何？您将谁视作榜样？

• 您的家庭信奉怎样的宗旨？

• 逐条阅读上一小节的问卷调查，您在哪些方面发现了自己的优点或缺点？在这方面您与伴侣之间有什么不同吗？是否产生过误解或冲突？

▶ 第三阶段：情景激励

通过回忆和谈论那些经历过的积极的或是令人兴奋的事情，能让我们更容易地正视那些感到不快或消极的事情。在此阶段，关注的重点不再是冲突本身，而是那些在出现变故后还能维系一个家庭或情感关系的东西。通过讲寓言故事、引用各种哲理名言的方法也能帮助患者较快地转变视角，不再一直纠结旧问题。

您可以这样做

• 每个人都有自己作为判断标准的行为纲领，它们决定了人们对积极或消极的认识。思考一下，周围那些给您带来困扰的行为背后究竟有着什么样的期待和想法？

• 您可以尝试在1到2个星期内多鼓励别人，不做批评，让他能更好地展示自己。

• 您也可以给予别人看似不合理的鼓励，即使对存在争议的行为也给予支持，这样能帮助对方换一种视角看待问题。

• 您可以用讲故事的方法来想象面对同一件事的两种相反的做法，比如我们之间水火不容、异性相吸。

▶ 第四阶段：语言表达

为了避免由于冲突造成的沉默或扭曲的表达方式，患者可以听从心理治疗师的指导，按照一定的节奏逐步学习如何与伴侣交流。在之前介绍的各阶段的重点是训练、提高思维能力。想要解决冲突，必须正视、直面它，以解决冲突为最终目标，而不是使用某些方式激化冲突。

您可以这样做

- 与伴侣、家人或同事在自疗小组中分享您的问题。
- 了解对方的想法和立场，并与自己的想法和立场做比较。
- 寻找对大家都有利的解决方法，这要求您诚实地分享您认为正确的想法。
- 职能或是角色的暂时调换有助于促进相互的理解。

▶ 第五阶段：扩大目标

这一阶段的重点是有针对性地减少由神经功能症引起的视野狭窄。患者应该学会避免将冲突扩大到其他领域，并为自己设定新的前进目标。目标扩展是为了制定一个近期计划，尽可能平衡四个生活领域以及提高现实能力，为自己找出新的行为与交流方式。

您可以这样做

- 您近期有什么目标或是计划？在您的困扰解决之后，您想做什么？
- 拓展您的现实能力目标，找出新的、可行的处理冲突的方式。

组内自助——积极心理的自助方法

求成不能心急

有一天，一位布道者来到一间大厅布道，但这里只有一个年轻的养马师。布道者心想："只有一个人，那我是讲还是不讲呢？"他问养马师："这里除了你之外没有别的人了，你觉得我应不应该讲？"养马师回答道："我只是个普通人，您说的我都不懂。但如果我到马厩去，看见马厩里只有一匹马，其他的马都跑了，我还是得喂它。"布道者觉得很有道理，便开始讲授经文。讲完之后他松了一口气，心里美滋滋的，想听听唯一的听众夸他讲得有多精彩。他问："你觉得我讲得怎么样啊？"养马人回答道："我已经说过了，我只是个普通人，不太懂你说的这些东西。可如果我到马厩去，看见所有的马都跑了，只剩下一匹，那我还是得喂它，但我不会把所有的饲料都喂给这一匹马。”

一个人接受的社会化培养和教育主要在家庭中进行。再教育或者治疗不仅可以在心理治疗师与患者之间进行，还可以在家庭、父母、伴侣或其他超越了狭义家庭定义的小组内进行。接下来我们以家庭小组为例，讲讲如何组织这个小组。

心理治疗师主持的话疗活动会影响患者的日常生活，定期的家庭小组会议也会产生类似的影响。以下几个规则必须注意。

所有家庭成员定期在约好的时间开会，每次大约45~60分钟。如果有成员因故无法到场，可重新商定时间。有时，召开家庭会议的机会会自然出现，比如大家刚刚吃完饭。此时不必刻意提出要举行家庭会议，可以说“我们现在就某事商量一下，你们觉得怎么样”。在这种非正式召集的会议上，成员们往往非常活跃，而且能提出具有创造性的想法。

成员们最好能围着一张桌子就座，注意相隔不要太远。在成员达成共识的前提下，最好能把电视、收音机和其他干扰设备都关上。会议的第一个议题是每个人成功的经验、已经解决的问题和愉快的事件。这种积极的引导，不仅可以确认某些已经达到的目标并且在家庭小组中予以肯定，还有许多其他的作用。接下来可以着手讨论遇到的问题、矛盾和愿望。可以将此次小组讨论中最重要的主题定为这一周的口号，比如“礼貌周”“秩序周”“诚实周”“准时周”等。

由每次开会前选出的会议助理将问题集中并组织成员们深入讨论。以下是一些有价值的问题：

有什么问题？
问题背后隐藏着什么样的背景、行动纲领、目标和利益？
有什么解决问题的方法？

两次家庭会议间隔一个星期，每个成员分别准备好下次想讨论的问题，若有批评的意见，等到下次开会时再提出。小组会议上大家共同做出的决定和之前所做的观察均记录在小组的会议纪要里。

家庭小组的成员，特别是父母的主要任务是询问所提及的冲突的积极方面。

家庭中一成不变的角色分配会让父母不能很好地理解子女的问题，反之亦然。要使家庭结构变得灵活生动，最直接的方法是交换各自扮演的角色。在限定的时间内，某个家庭成员承担起一直由另一个成员承担的任务和角色。比如父亲变成家庭主妇的角色，母亲则负责一家之主的任务，孩子们则可以承担起某些原属于父母责任范围内的工作，如做家务、做规划和提意见等。

值得注意的是，家庭小组中不仅仅讨论需要解决的问题，也可以就今后的家庭活动做出计划，比如周末郊游、采购、邀请客人、过节和交换礼物等。这样每个家庭成员都能积极参与家庭事务，并且认识到自己也能影响家庭小组的决策。

类似的方法也适用于企业中的公共部门或促进合作的部门。

在这种小组中产生的想法、认识和决策不是单个人的成就，而是小组成员共同工作得出的成果。这就像一道美味的料理绝不是各个组成部分的简单相加，而是在各个组成部分的共同结合下，产生的一种更高的统一。

用于处理冲突的调查问卷

借助下面的调查问卷，我们可以更好地了解自己处理冲突的方式。问卷中提到的现实能力被视为焦虑状态的指示器。比如周围人不准时、不遵守秩序、不可靠、不耐烦都会让我们生气，这种经常性的微小创伤会造成焦虑状态，长此以往会使身体产生应激反应。

▶ 身体方面的问题

1. 您身体中的哪些部位感觉不舒服？
2. 您认为自己的长相怎么样？
3. 在您看来，身体是朋友还是敌人？
4. 您认为伴侣长得漂亮非常重要吗？

5．您觉得五官之中哪个最重要？

6．当您感到恼火、愤怒和焦虑时，您的哪个器官会出现问题？

7．您生病时，您的家人/伴侣会做什么？当他们生病时，您又会做些什么？疾病会怎样影响和改变您对生命的感悟和对未来的看法？

8．您的睡眠时间很长还是很短？如果您的睡眠时间不足或是睡眠质量不高时，您会有什么反应？

9．入睡之前，您是否会回想今天发生过的事或思考明天将会发生的事？

10．您如何看待您的性生活？

11．您和家人是否一起体育运动？如果有的话，是什么活动？强度如何？

12．您热爱美食吗？

13．您如何看待抽烟？如果伴侣吸烟，您会有什么想法？

14．您、伴侣、您的家庭如何看待酗酒？

15．在您与家人/伴侣谈话时，您能明确地表达出自己的观点吗？

▶ 成就方面的问题

1．您满意您的工作吗？

2．您想从事哪方面的工作？

3．哪些工作会给您造成困难？

4．工作中出现的冲突涉及哪些现实能力？

5. 在工作中保持完美对您来说是否很重要?
6. 您的兴趣主要在哪些方面?比如体力劳动、脑力劳动、爱好、行政管理等。
7. 当您无事可做时,您也能保持好心情不受影响吗?
8. 对您来说,认可别人(伴侣、家人、同事)的成绩是一件容易的事吗?
9. 您觉得勤奋和成就很重要吗?
10. 如果您做某件事,您会将原因告诉伴侣、子女、同事吗?
11. 如果伴侣、子女或同事犯了错误,您会怎么做?
12. 您的职业生涯中有没有反复出现的典型状况?
13. 如果您必须在同事面前发言,比如做介绍、开会等,您有什么样的感受?
14. 您觉得您能否完全胜任您的工作,还是觉得自己被轻视了?
15. 您害怕接触新的技术、新的工作方法、新的组织形式吗?
16. 您是自己决定从事什么工作的吗?
17. 如果您的上司或者同事批评您,您会做何反应?

▶ 关系方面的问题

1. 您觉得您善于交际吗?
2. 当您置身于人群之中,您有什么感觉?
3. 您觉得哪些人容易接触,哪些人难以接触?
4. 您会邀请人去家里做客吗?比如亲戚、朋友或同事。

5. 您多久去一次电影院、剧院、音乐厅或其他文艺活动场所？又是和谁一起去？
6. 您会积极参加社团活动吗？
7. 您会参加您公司或者部门组织的团建活动吗？团建活动时，您有什么感觉？
8. 您常笑着面对伴侣、子女和同事吗？
9. 您喜欢单打独斗还是愿意与别人合作？
10. 您特别在意别人的评论和看法吗？
11. 如果您的办公室里有人喜欢说三道四，您有什么感觉？
12. 您能与您的同事、上司谈论工作方面或人际关系问题吗？

▶ 未来方面的问题

1. 您觉得自己是一个乐观的人，还是一个悲观的人？
2. 您是否容易沉浸在回忆之中？梦想回到旧日的好时光？
3. 您有时会想换一份工作吗？
4. 您如何看待您的职业前途以及公司的发展前景？
5. 某行业是否具有发展前景会影响到您的职业选择吗？
6. 您是否会为自己、家庭、周围人以及世界的未来焦虑？
7. 您的行为及感受会受到宗教和世界观方面的观点的影响吗？
8. 您害怕生病和死亡吗？
9. 您相信人会有下辈子吗？
10. 您的人生目标是什么？

11. 您对世界和平能做什么贡献?
12. 您是否考虑过应该如何解决经济与生态方面的问题?您现在能为其做出什么贡献?
13. 您认为未来的生活是什么样的?
14. 有人说:“我们的子孙将为我们今天造成的破坏买单。”您如何看待这一说法?

第三章　孩子太懒了，可能有内情

一个懒散的学生，一位焦虑的母亲

Das Geheimnis des Samenkorns

有一就有二

在一堂教音标的课上，老师遇到了麻烦。“读A。”那个男孩抬起头表示拒绝，并且紧闭自己的双唇。老师努力不让自己失去耐心，又一次说道：“你这么乖，让你跟着说，你就说吧，说又不会让你掉块儿肉。”老师再一次碰壁了。终于，在几次失败的尝试后，老师再也受不了了，他大声叫道：“你说A！说A！”但男孩只是含糊不清地发出了嗯嗯的声音。老师实在没有办法了，只能叫来了孩子的父亲，两人一起试图说服孩子。终于，孩子屈服了，清楚地说出了A。对于这次教育的成功，老师非常惊喜，他叫道：“太棒了，现在说下一个字母吧，B。”这次男孩激烈地反抗，把小拳头使劲地砸向桌子，说：“真是够了！我早就知道如果我说了A会有什么样的结果了。你们肯定还会让我继续说，然后我还得把整个字母表背下来，之后就必须学习读书、写字和算算术。我不愿意说A，当然有我的道理啊。”

渴望父母认可的懒散孩子

贝尔恩德是一个13岁的学生，他和他的妈妈一起来接受心理治疗。我注意到，这位妈妈迫切地希望她的儿子通过治疗能改正他那丢人的“懒惰”和“心不在焉”的毛病。在这之前，她在另一位心理治疗师那儿治疗过两次，但因为对方把谈话中的某些细节透露给了一位熟人，违背了保密规则，从而失去了这位妈妈的信任。

▶ 第一次谈话

妈妈：“我们越来越担心贝尔恩德的学习成绩了。他的学习完全没有系统性和目的性。最近还第一次出现了不想去上学的情况。之前他生病了，但是病好以后，他只想躺在家里，根本不想去学校。他就是太懒了。”

心理治疗师：“一直以来，懒惰被当作不够努力的同义词，这或许能够解释为什么勤奋的人，比如您，总是不能忍受所谓的懒人，就像贝尔恩德。但在这里，可以从另外一个角度看待您儿子的懒惰，即不过分追求成绩。因为家庭、学校、公司方面过高的要求，人们很容易患上由焦虑引起的疾病，所以对懒惰的积极理解越来越重要。”

对于这种积极的解释，这位妈妈表示可以接受。

心理治疗师问贝尔恩德："你有什么想法？你的感觉如何？"

贝尔恩德："最近我在学校的时候经常觉得头痛，我很难集中注意力。我对自己很失望，因为我知道我的成绩不好让父母很伤心。他们两个人都是老师，所以成绩对他们来说非常重要。另外他们还总是说我的弟弟哪方面都比我好。"

心理治疗师："你认为你为什么不能集中注意力？你能记起来最近一直困扰你的事情吗？"

贝尔恩德："有的……（有点支支吾吾）我最好的朋友不能和我上同一所学校了，我非常伤心，觉得自己非常孤独。我家和学校又不在同一个城市，我也没办法和同学们一起玩。"

心理治疗师："你想结交更多的同学，对吗？"

贝尔恩德："没错，他们经常组织聚会，但我没有办法加入，也没办法和他们一块儿聊天。"

心理治疗师："你和你的好朋友一块儿玩多久了？你现在几年级了？"

贝尔恩德："整个小学四年我们都在一起。后来我来这儿上学，他却去了H市的文理中学。我现在已经上七年级了。"

心理治疗师对妈妈说："您怎样看待您儿子的这些情况？"

妈妈："与自己的朋友分开，贝尔恩德确实感到非常难过。但是我们做出这样的决定也是有原因的。我们和他的班主任一致认为，贝尔恩德对那个朋友过于言听计从。班主任建议，别再让两个孩子上同一所学校了。"

心理治疗师："您在做这个决定的时候，有没有想过因为家和学校的距离很远，贝尔恩德很难交上新朋友？”

妈妈：“没有想过。贝尔恩德性格内向。上小学时，除了那个朋友之外，他很少同其他同学来往。我没想到换个学校会对他有这么大的影响。现在他们班上的同学也很喜欢他，可他自己很少主动和他们来往。”

心理治疗师对贝尔恩德说：“除此之外，你还有什么烦心的事儿吗？”

贝尔恩德：“有，我妈妈住院的时候，我老担心她会出什么事儿。”

心理治疗师：“你是一个非常孝顺的孩子。”

心理治疗师对妈妈说：“您生什么病了吗？”

妈妈：“两年前，我的甲状腺突然出现了问题。由于药物的副作用，我又得了很严重的血液病。我在医院住了四个星期，其中的一个星期需要完全隔离，不允许家人探视。贝尔恩德常常在电话里哭。等我出院一个星期以后，我又必须去医院接受一种专门针对甲状腺病的治疗。当时贝尔恩德的心理已经完全崩溃了。”

心理治疗师对贝尔恩德说：“你当时是什么感觉？”

贝尔恩德：“我一直在想，如果妈妈的病好不了了怎么办？那时候的我吓坏了，什么都记不住，学习上也没有进展。一旦我考砸，一切就变得更糟了。我对自己非常失望，但是一想到我妈妈的病，我就什么也做不下去了。在这种情况下好朋友又离开了我，我觉得非常孤单。但是，有时候我觉得我妈妈也挺过分的，她总是觉得什么事就要立马去做，要求我们独立完成。我老是觉得她不愿意帮我，因为她总是说我弟弟就不需要她帮忙。”

心理治疗师转向妈妈说：“是这样的吗？”

妈妈：“我确实认为孩子应该独立完成家庭作业，这样才能学会独立，对自己负责。我的小儿子就可以独立、有计划地学习，但是贝尔恩德不行。”

心理治疗师：“贝尔恩德老是需要别人的帮助吗？”

妈妈：“不，其实不多。可是他总是等着我去帮他，比如他故意不写作业，需要我一直提醒，等到晚上他才会写。有一次，我提醒他好好准备数学考试，因为老师说他的数学成绩不太好。但是那次他完全不听话，根本不复习，也不愿意在家里提起这件事，这让我非常生气。现在只有我努力克制自己，我们才能保持融洽的关系，但这不是长久之计。我们为此想尽了办法，但是情况毫无改变。”

心理治疗师：“您能明白刚才我们说的两件事对您的儿子意味着什么吗？”

妈妈：“这我能明白，但是他的成绩不能一直这样啊。”

心理治疗师：“当他们感觉受到威胁时，孩子们的反应通常比较激烈。比如离开好朋友，换了一所在另外一个城市的新学校，或者家人生病。这类紧张因素会导致他们的注意力无法集中。如果在我们讨论和分析这些令人不快的问题之后，试着给出解决问题的办法，您相信您儿子的成绩会提高吗？”

妈妈：“我觉得可以。”

▶ 治疗过程

对贝尔恩德的治疗主要在家庭中进行。孩子的懒惰、散漫、与同龄人交往的需求都与父母的认可有着直接的关系。

我给贝尔恩德讲了一开始的那个故事，给他的父母则讲了下面这个故事：

从前有个富饶的王国，国王勤勉政务，百姓安居乐业。国王有一个心病，每隔一段时间，负责教授小王子学业的帝师就痛哭着向国王请辞。国王的小儿子活泼可爱，就是在学业上脑袋不甚灵光，今天学的明天忘，后天又忘记了前一天的，接连换了几任老师都没有效果。国王甚至怀疑自己的小儿子可能是个傻子。

有一天，一个大臣向国王引荐了一个民间的老师。国王问："大学士们都没有办法，一个民间的老师能有什么好方法呢？"大臣回答道："我给他做担保，您让他试试吧。"有了大臣的担保，国王同意了。

过了一段时间，国王惊讶地发现，小儿子真的学会了不少知识。他召见了这个民间老师，说道："你做得不错，你是怎么教导小王子的？"这位老师沉稳地回答道："其实小王子每日的功课和以前并无不同，只不过，每当小王子学会了一点知识，我不会斥责他学得慢，而是立刻表扬他学得很认真。"

孩子很容易受到暗示，也珍惜家长的赞美。如果他能从中体会到好习惯的乐趣，他才会一直坚持做下去，这样好习惯就开始成为他的一部分了。多让孩子体会到荣誉感，少否定他，事情才会往良性循环的方向走。

积极心理治疗对懒惰与成就的认识

人不仅需要教育方面的信息（培养继发能力），也需要一种支撑人完成教育的情感基础。我们对这两种教育加以区分，即以教授知识和技能的学校教育和对人格、素质以及各种社会生活能力的培养教育。教育机构和父母教育的纲领常常被混为一谈。自觉教育不仅仅是指要了解教育的内容，也应该明白教育的目的是什么。为什么要教育孩子？要把孩子培养成什么样子？为了实现什么目的而教育孩子？为了自己？为了孩子？还是为了全人类？

根据调查研究表明，还在上小学的孩子们就已经处于焦虑的状态了，因为他们的日程表排得像公司经理一样满，空闲时间已经被规定好的活动占满了，几乎没有自由玩耍和休息的时间。大多数的孩子们不能向家长正确地描述出在这种情况下自己的焦虑感，这导致孩子们疲于奔命无法应付。1995年，心理专家们在德国疼痛研讨会上指出，一半的孩子都患有焦虑性头痛，原因多来自学校的压力和社交中的冲突。

每个人的成长，身体发育、心理成熟以及社交能力的发展都需要时间。人们应该对别人的成长抱有足够的耐心。教育中的许多问题归根结底是源于不合时宜的角色承担以及对孩子抱有的期待。对孩子的要求过高或过低以及前后变化矛盾是引发问题的核心原因。

此处应该重点关注勤奋/成就、耐心、榜样和时间等现实能力。

▶ 现实能力：勤奋/成就

定义与发展：为了达到目的，在很长的一段时间内保持一种吃苦的行为方式的能力和意愿。

勤奋和成就是判断一个人是否取得社会性成功的标准，人们能因此获得名声和威望。在孩子的成长过程中，游戏是一种体现勤奋和成就的初级阶段。而学校对勤奋的定义是认真，这意味着同时期要放弃其他更容易满足的欲望。当人们越是认为完成一项任务有好处时，就越会更加勤奋。

提问：

- 你们当中谁更看重勤奋和成就？
- 您现在或者曾经在工作中遇到过问题吗？
- 您对您的工作和同事有不满意的地方吗？
- 在家庭和工作之中，您在哪方面投入的精力更大？

- 如果无事可做，您觉得有问题吗？
- 您对您的孩子在学习或者事业上取得的成绩满意吗？
- 您为什么选择现在的工作？是怎么加入这个公司的？
- 您的父母中谁更看重勤奋和成就？

语言描述：积极工作、效率高、爱逃避、不爱工作、逃避到工作中、追名逐利、看重成绩、紧张、不堪重负、文明疲劳症、竞争压力、嫉妒、言辞激烈、焦虑、懒惰、喜欢独处、胃病、睡眠障碍、头痛、酗酒、依赖药物。

您可以做些什么：年轻人不仅需要教育意义上的知识，也需要充分掌握和利用这些知识所必要的感情基础，所以我们必须对“教”和“育”加以区分。如果您因为工作上的问题而生气时，更应该搞清楚，原因到底是工作内容还是工作之外的其他事情？比如上司的不公正、同事间的竞争等。如果成就是冲突的根源，那么不一定必须降低成就要求，而是应该关注其他的方面，比如社会交往和对自己的认识。

▶ 现实能力：耐心

定义与发展：能够坦然接受一个人或一种状况的固有特点的能力。虽然有怀疑和期待的念头，耐心意味着能够等待，比如容忍伴侣有自己的选择，如果不能彻底达到目的宁可搁置计划，不催促他人。世界上不存在完全没有耐心的人。人们只会在特定的情况下表现出急躁的一面，比如不准时、无秩序、大手大脚、不忠诚和涉及勤奋/成就方面的问题。

提问：

- 你们当中谁更有耐心？谁比较容易激动？
- 你们会在什么情况下、面对什么人时失去耐心？
- 当伴侣不耐烦时，您有什么感觉？您还会有耐心吗？
- 您是否容易情绪失控？
- 您的父母之中谁更有耐心？
- 如果您表现得不耐烦，您的父母有什么反应？

语言描述：拍桌子、“我要气死了”、火冒三丈、生气、深恶痛绝、勉强接受、不情不愿只得将就、忍耐、有把握、容忍、接受、冷静、控制自己、保持镇定、不耐烦、因为害怕而忍气吞声、前后矛盾、过度敏感、过高期待、有野心、不懂得倾听、鲁莽、傲慢、头痛、睡眠障碍、不安感。

您可以做些什么：您不必把自己的不耐烦憋在心里，可以找人倾诉，写下不耐烦的原因。什么让您不耐烦？又是什么让伴侣对您感到不耐烦？这需要找一个合适的时间和伴侣聊一聊。

当你们讨论完一个问题后，给对方一点时间让他好好思考一下各自的想法。仅仅意识到自己没有耐心还不够，更重要的是弄清自己是在什么情况下、面对何人会失去耐心以及没耐心的程度。假如我们在某一种情况下对某人不耐烦，通常我们应该向对方表达自己的歉意，而不是因为自己的失控而愧疚。

▶ 现实能力：榜样

定义与发展：一种模仿别人或者给别人做榜样的能力。被模仿的不仅仅是榜样的行为方式，还有其私下的态度、想法和情感。模仿是人所具有的基本的学习能力之一。孩子模仿父母，因为他觉得这能获得好处或受到表扬。模仿与否取决于被模仿的对象得到的是奖励还是惩罚。

提问：

- 你们当中，主要由谁来扮演榜样的角色？
- 哪个人、哪个文学形象是您模仿的对象？
- 您愿意变得和别人一样吗？
- 您的父母中谁是您的榜样？
- 您能在自己或伴侣身上回忆起曾经接触过的人的影子吗？

语言描述：抄袭、模仿、生搬硬套、以某人为榜样、追随某人、冒名顶替、模仿别人、限制自己的判断能力、强烈拒绝榜样、爱恨交加、心理障碍、理想化、期待过高、失望、缺乏信心、捉襟见肘。

您可以做些什么：我们的行为和思想都可能成为别人模仿的对象。在您行动的时候，需要注意这一点。即使您从一个非常完美的榜样身上学到的东西，也需要自己去实践：用自己的耳朵听，用自己的眼睛看，用自己的理智做判断。

▶ 现实能力：时间

定义与发展：一种能妥善安排好时间，正确处理过去、现在和未来之间关系的能力。从某种意义上说，遵循现有的时间安排和计划，或是对其进行重新组织。孩子们从童年时代就开始选择是自己主宰时间、安排时间，还是被动地任人安排。

提问：

- 在您和伴侣之中，谁为对方预留了更多的时间？
- 如果伴侣很少有时间陪伴您，您感觉如何？什么时候会发生这种情况？
- 您觉得您的时间够用吗？
- 通常情况下，您会觉得无所事事，还是忙得不可开交？
- 您有足够的时间去做自己想做的事吗？
- 您会用这些时间做些什么呢？
- 如果您有一个星期的时间可以自由支配，您想干什么？
- 您或伴侣的工作时间有规律吗？
- 您对未来有什么打算？

- 您是否经常回想曾经做对或是做错过什么事？
- 父母之中谁陪伴您的时间更多？

语言描述：游手好闲、一成不变、持之以恒、转瞬即逝、过度沉溺空想、忙碌、悠闲、每况愈下、荒废光阴、时间就是金钱、船到桥头自然直、机不可失时不再来、负担过重、毫无压力、马虎、害怕、冥思苦想、孤僻、紧张、墨守成规、想法片面、乌托邦主义、胃病、心脏不适、性生活障碍。

您可以做些什么：事先考虑如何安排时间，最好与伴侣或家人商量。制定计划，减少干扰，做好处理突发情况的准备。做事之前要分清事情的轻重缓急，然后逐个处理。除此之外，也要给自己、伴侣、家人、社会交往、职业活动、世界观和宗教信仰方面的活动抽出时间。

最后，以一个曾给贝尔恩德和他父母讲过的笑话结束这一节。

有一位父亲对他的儿子说：“你为什么这么懒？亚伯拉罕·林肯在你这个年纪已经是班上最优秀的学生了。”儿子回答道：“爸爸你说得很有道理，可是亚伯拉罕·林肯在您这个年纪已经是美国总统了。”

来访者—咨询师反馈

▶ 贝尔恩德及其父母

贝尔恩德的父母对治疗过程中轻松的气氛感到非常惊奇。显然，严肃的话题也不需要过于严肃的处理。

家人首先认识到贝尔恩德正在承受的种种微小创伤，比如盖房子、搬家、转学、妈妈生病、没人做家务、祖母去世以及父亲的工作压力等，只有这样他们才能真正理解孩子的问题。

妈妈说："实际上，真正需要帮助的首先是我和我的丈夫。"

对贝尔恩德的父母来说，平衡模式是一个好的开端，他们可以将自己的精力分散投入到不同的方面，并且让子女也这样做。通过深入研究冲突的内容，消除耐心和榜样等现实能力方面的误解，不仅缓解了家庭内部的冲突，也对职业领域产生了积极的影响。

父母说，实际上他们应该感谢贝尔恩德。他让他们明白了严厉和急躁会给孩子造成多大的压力。现在他们更好地认识了自己，摆脱了看问题片面的思维方式。

贝尔恩德也赞成父母的说法："我从来没有好好表达出自己的感受，好让他们理解我。您讲的故事我很喜欢，因为我能从故事中看到自己的影子。我知道如果我一直埋头学习，情况只会越来越糟，我对自己的要求也会越来越高。家庭小组真的太棒了，我可以和弟弟在开会时讨论一切。我们也谈到了您说的积极心理治疗的五个阶段，这对我处理好自己和同学们的关系也很有帮助。

“我们现在还常常在家里讲那个关于林肯的笑话。父母现在也允许我与朋友们来往了。有时候我们会邀请同学和他的父母来家里做客。在学校里，一切都变得轻松多了。现在我又重新开始喜欢学习了。”

▶ 心理治疗师

治疗持续了八个多月。在此期间，我分别同家庭成员都进行了谈话。内容包括这对父母自身的生活经历，也涉及了父母的榜样以及在成就和要求方面对孩子的影响。这种治疗方式引导着家长逐步认识和解决出现的问题和困难，为自己和家庭找到了新的目标。

贝尔恩德的父母阅读和讨论了《商人与鹦鹉》以及《日常生活中的心理治疗》，这属于阅读治疗。

贝尔恩德的妈妈认识到了丈夫参与子女教育的重要性，并且已经付诸行动。

作为老师，贝尔恩德的父母会将心理学和教育学观点融入到他们的教学过程中，尤其是开家长会时可以现身说法。从这个意义上说，治疗已经超越了患者本身的范畴。

当你总是莫名其妙生气时，您可以这样做

我们可以分三步解决问题，首先从正视自己的感受开始：

1．我究竟为什么生气？是什么让我生气、不快，又是什么让我高兴？

2．我有什么解决问题的办法？

3．我行为背后的目的是什么？如果我没有问题，也没有不适的话，我想做些什么？

作为一种辅助方法，您可以将您观察到的行为和其他的可能性记入下面的表格中。

事件 （发生了什么事？）	实际情况 （我的做法是什么？）	其他的可能性 （什么样的做法更为恰当？）
爸爸向孩子们许诺，星期六吃过午饭后带他们去划船。	爸爸比约定的时间晚了一小时。他说："现在太晚了，不能出去划船了。"妈妈问他为什么回来得这么晚，他回答说："我本来想早点回来的，但是当时我在和朋友们一起喝酒，不好扫兴。"	在酒店里吃饭的时候，爸爸的朋友们说："你现在就要走了？这可不行。"爸爸回答："我也想再待一会儿，但我答应了孩子们要去划船，我不能失约。"

通过这种方法，我们可以了解冲突产生的原因，找到解决冲突的办法：当时我是这样做的，但我可以有另外的更好的做法。

第四章 考试就紧张

一个女大学生，考试焦虑症患者的心声

Das Geheimnis des Samenkorns

迟到的复仇

有一个男人犯了罪，村民们把他丢进一口干枯的水井里。很多曾经被他欺负的村民为了出气不停地咒骂着这个有罪的男人，还有人向他扔地上的污泥。突然，他被一个石块打中了。他惊讶地抬起头问道："其他人就算了，你是谁？凭什么用石头砸我？"那人回答道："20年前你伤害过我，这些年来我一直把这块石头放在心里，终于等到今天可以用它来砸你了。"

被迫满足父母要求的女儿的反抗

一位25岁的大学生B女士来到了我的心理治疗诊所。她垂头丧气地走进了治疗室，哭了好一会儿，才平静下来。因为毕业补考的时间日渐临近，B女士恐慌的心情日益加重了。不仅夜里噩梦连连，肠胃也开始出现毛病了。

▶ 第一次谈话

B女士的情绪依然没有完全控制住，但是她已经开始诉说烦恼："去年在准备毕业考试的时候，我崩溃了，一天到晚都在哭，所以我没能通过毕业考试。今年安排了补考。虽然距离考试还有五个多月的时间，但是我现在的状态又像去年一样发展了，白天不能集中精力学习，晚上噩梦连连。我越来越不安，害怕再次考砸，更确切地说我是害怕在考试之前就放弃了。再加上肠胃出现了问题，我的情况越来越糟糕了。"

心理治疗师："我认为，您非常希望能从大学毕业，竭尽全力想通过考试，所以把全部注意力都放在了考试上。您听过这个故事吗？有一个学生非常害怕考试，教授问他：'你害怕我提出的问题吗？'他回答说：'不是，我是害怕自己的回答。'"

B女士非常惊讶，说："这和我一模一样。我必须要通过考试，不然我怎么面对我的父母呢？我知道这次考试对他们来说也很重要。”

心理治疗师：“您的专业是您自己选择的吗？”

B女士：“不是，我担心喜欢的专业的录取分数太高，所以没敢报。现在想想有些后悔。但是我也讨厌现在的专业，除了考试没通过之外，一切都还算顺利。”

心理治疗师：“您以后想要从事这个领域的相关工作吗？”

B女士：“是的，这个专业的工作机会很多。”

心理治疗师：“在过去的5到10年内，您遇到了什么事情吗？”

B女士：“由于我的父母经常搬家，我不得不跟随他们，不停地转学，还少上了两年学。大约在10年前我的父母离婚了，如今他们已经各自组建了新的家庭，当时的我很难接受父母各自有了新的伴侣的事实。19岁时我离开家考上了大学。我的家庭又发生了重大的变故，祖父母因病相继去世了，前后只相隔一年。在这段时间内，我与父亲经常发生争吵。母亲和她的第二任丈夫合不来，所以分手了。我的男朋友决定换一个新的工作，新公司离这里很远，这恰巧是在我第一次准备毕业考试的时候。没有精神上的支持，我觉得非常孤独。虽然我认真准备了考试，但是我的脑子里却是一片空白，以至于在一次测验中我交了白卷。那之后我除了哭，什么也做不下去了。”

心理治疗师：“这可真是一大堆麻烦事，但您必须面对。您是怎么做的呢？”

B女士：“我曾经同我的父母谈过很多次，我意识到，我必须接受他们已经有了新生活的事实，同时我也希望他们能接受与认可我的生活和决定，比如我考完试之后搬到了男朋友工作的城市。可是搬过去之后，我和他的关系越来越糟，我意识到他之所以换工作就是为了和我分手。我没有办法接受这个现实，因为我还喜欢他。”

这时，心理治疗师请B女士大声朗读刚才那个寓言故事。

B女士：“您这是什么意思？您是想说我在报复对方吗？老实说，我报复结果就是把自己的生活搞得一团糟。在我觉得困扰的时候，一般不是立马去解决，而总想等待一个恰当的时机，但时机往往来得太迟。愤怒和复仇的念头会让一个人的内心变得冷酷无情。这个故事告诉我，我不应该一直纠缠过去。”

▶ 治疗过程

B女士是独生女，父母都是知识分子，她从小接受的是一种比较民主的教育，她的母亲付出了很多的时间、耐心和关爱。上学之后，她突然发现父亲在成绩方面对她的要求非常高，所以在整个小学阶段，她都在反抗父亲的权威，她说自己是一个很糟糕的学生。

尽管如此，她还是不由自主地将好好学习视作一项任务了，因为在不稳定的童年时代，这是唯一不会改变的。由于多次的突然搬家和转学、父母间的常年争吵、男朋友的不忠，让她觉得自己孤零零的。在至今有过的几段感情经历中，她也没找到想要的安全感。

在治疗过程中她认识到了自己在成就领域中的矛盾态度，在身体、交往和幻想领域中的失衡，这让她对失败的焦虑有了合理的解释。这种情况下，她确实不适合再参加考试了。只有通过推迟考试日期、与父母商量她的经济情况，她才有可能进行自我调整，有机会顺利地通过下一次考试。

到这个效果时，我们已经进行了28次的谈话治疗。

积极心理治疗对考试焦虑的认识

很少有人能注意到考试焦虑的积极作用，这一点非常可惜。一方面，我们能够有意识地反思父母以及社会的成就观念是否有问题，另一方面迫使我们思考一些不愿意承认的问题，比如，“我学的专业有用吗？”“我真的喜欢这个专业吗？”“毕业以后我能做什么工作呢？”“随便找一份凑合吗？”“我学到的知识能用在什么地方呢？”

在思考这些问题的过程中，我们实际上是在规划未来。由于周围人通常不能理解我们发出的信号，所以无法和我们进行正常的、公开的探讨，由此也就产生了报复和愧疚的念头、缺乏自信和矛盾的心理。

下面是三种对成就领域的要求，可以看出爱、公平、礼貌与诚实的现实能力在其中起着什么样的作用。

▶ 高要求的期待型

过分强调爱与礼貌。这类人期待伴侣的一言一行都能和自己的想法一样。他们通常不会直接讲出自己的想法，但是当对方不能立刻猜出自己的心思时，他们就会生气。

对他们来说，每一个困难、每一个要求、每一次危机、每一次生病都是一场灾难。他们生活在痛苦之中，似乎并不能正确区分痛苦和努力。这类人倾向把自己对他人的要求藏在心里。有时，他们会放弃表达自己的想法，好让自己一直处于充满安全感的依赖状态之中。当有人对他们提出要求时，他们也不会拒绝。在成年人的世界里，有些人试图用小孩般的固执来达到自己的愿望，于是就会产生激烈的权利斗争和报复欲，还会采取一些精心设计的诡计。

▶ 成功及名誉型

过分强调公平与诚实。片面强调该能力的结果会导致人过于热衷地承担各种社会角色，他们的宗旨是“能力越大，责任越大”。评价个人价值的唯一标准就是成功。除了成功和名誉之外，其他的一切价值都无足轻重。

这类人一旦获得成功，便会觉得自己强出众人许多倍；一旦失败就会怀疑自己的价值。他们的身体也会做出相应的反应，比如睡眠障碍、头痛、不安、冒虚汗、肠胃不适等。

他们期待通过自己的努力得到周围人的认可，但并不是每次都会如他们所愿。在寻求认可的过程中他们常常会由于过度关注次要的工作，而忽视主要的任务，比如在工作中，他们认为铅笔在办公桌上的摆放位置比与同事们进行工作上的交流更为重要。另一个影响他和同事们关系的重要因素是，以成功为导向的完美主义者通常倾向于公开的竞争，胆怯的完美主义者则试图通过嫉妒与猜疑来保住自己的地位。一个嫉妒心重的人会渐渐沦为笑柄。

上班的时候，他比同事们来得都早，假装自己在忙，暗地里却在计算着同事们的上下班时间，简直比考勤表还要精确。谁要是来迟了，他就向上司打小报告或是向别的同事大肆宣扬。他的可悲之处在于，他做的这些事不仅不能给他带来好名声，也不会为他带来朋友，相反地，长此以往，同事们还会怀疑和排斥他。下班之后他就没什么花招了，只会觉得疲劳、空虚和不满，还会迷惑自己为什么没有得到晋升。他通常不会意识到，自己在一些无用的事情上白白浪费掉了时间和精力，家庭生活也因此受到很大的影响。

▶ 减压型

在公平、爱、礼貌及诚实之间不断摇摆。父母行为不明确的导向作用会导致孩子犹豫不定和缺乏自信。他们长大以后的决策能力会受到很大的限制。“我无法明辨对错。”他们的情绪就像热恋中的情人那样阴晴不定。一会儿欣喜若狂，一会儿万念俱灰。

当这类人想要取得成功的欲望非常强烈时，就会出现一种很特别的抑郁反应，专业术语称之为“减压神经病”。一个人努力追求目标并实现之后，就会陷入情感上的空虚与不满。因为他没有明白自己潜意识中的行为动机，只会一次又一次地逃避到新的工作当中。

与其激烈的心理冲突相对的是，他在职业上的发展通常会显示为不断地跳槽。即使他对正在从事的工作并没有什么明显的不满。这种行为的原因是一种两极化的认同感，一方面是社会的成就标准，另一方面则是对这些成就标准的不自觉的怀疑。

这些人对外常常以实用主义者的形象给人留下深刻的印象，他们清楚地知道自己想要什么，外人难以察觉他们的不自信。在他们身上，你找不到他们对某件事物的见解或是说出自己真实想法的勇气。一旦外部的权力关系发生变化，这群见风使舵的人便会随之改变自己的立场。不管什么样的变化，他们都能毫无困难地再次改变自己的观点，并能对此做出冠冕堂皇的解释。

如果这类人做了政治家，就会一方面强调自己爱好和平的愿望，另一方面通过提供武器挑起战争。毁灭一个国家，是为了通过大量的经济援助帮助对方重建家园，从而获得更多的经济利益。

来访者—咨询师的反馈

▶ B女士

经过治疗，B女士说："我从来没有想过要看待焦虑的积极方面，这对我来说是一个惊喜。我在自己身上能发现您提过的三种形式的成就能力，也发现了三者之间的关系并不平衡。母亲加入了我的治疗。刚开始，我们发生了好几次很大的冲突，但这也给了我们机会，让我们能够更加坦率、更加诚实、互相尊重地进行交流。我觉得，这对我的母亲也很有好处。

"对我来说，四个生活领域和精力的分配是一种全新的概念。现在我对《迟到的复仇》有了新的认识，在萌芽阶段发现的冲突和问题要立马讨论和解决。"

▶ 心理治疗师

通过与B女士的配合，我们处理了她的现实问题，她的病情有了明显的好转。她在上学期间与父母的冲突不断，产生了很多的焦虑因素，于是我们也将她的父母加入治疗过程。她的父母非常重视成绩，甚至比他们的女儿更担心这次补考的成绩。出于这个原因，之前的B女士更加无法向母亲说出自己的想法、需求和希望。对关键冲突“礼貌与诚实”的挖掘推进了治疗的进程。

B女士的母亲是这样描绘在她的原生家庭生活中对“礼貌和诚实”的认识的：“我的父亲是一个非常诚实、甚至不留情面的人。他根本不在意别人的感受。而我的母亲是一个非常敏感的人，她常常压抑制自己的需求。我注意到，父亲的做法更能在社会上吃得开，所以他是我的榜样。第一次婚姻中，我像母亲那样处处谨慎、处处周到，却遇到了很多问题。现在我更像我的父亲，但同样也遇到了很多问题，尤其是在与女儿的关系上。如果我的女儿对我撒谎，我会非常生气。”

接受治疗后，母亲已经能够理解女儿的焦虑、抵触、报复情绪和善意的谎言，并且能同她对这些问题进行良好的交流。通过母亲的帮助，B女士的焦虑因素得到了缓解，未来能更好地专心学业。

当你总是被迫满足别人的需要时，您可以这样做

要想达到精神世界的和谐，最重要的是能够积极又有创造性地思考，这要求必须考虑到四个生活领域的问题，而且不能孤立地看待成就方面。

您可以对自己或他人提出下面的问题：

1. 我如何看待自己？

我是否认真考虑过自己的身体需求，并为此预留时间？比如睡眠、饮食、审美、运动、性欲、身体接触和保持健康等。

2. 我如何看待我的工作？

我是自愿选择还是被迫？当时的我没有别的选择了吗？

分配给我的任务有意思吗？

我工作仅仅是为了挣钱和满足其他的需要吗？还是为了实现自己的价值，满足内心的需求？

工作中有冲突吗？

我喜欢我的工作，但我和同事们合不来？

我能为社会的进步和发展做出多大的贡献？

我的工作在多大程度上与道德伦理方面相关？

3. 我同伴侣及周围人的关系如何？

我有时间陪伴我的家人吗？

我信任他们吗？

在我做事前会考虑到我的家庭吗？

我要求他们对我恭敬有礼貌，还是更注重坦率的沟通？

4. 我同亲戚、朋友和同事们的关系如何？

与自己的老乡和其他人的关系如何？

我是一个开朗健谈的人吗？

我对某些人或团体怀有偏见、焦虑或敌对情绪吗？

5. 我如何看待自己的未来？是否满足现状？

我的未来有发展的可能性吗？是持续前进还是在原地踏步？

我有什么样的目标？把什么作为前进的方向？

6. 对我来说，生活的意义到底是什么？

我如何对待和处理出现在其他各个领域的困难？

我有勇气公开发表自己的看法，哪怕其他人对我不再友善吗？

7. 我对艺术领域，比如艺术创作、绘画、音乐和文学有兴趣吗？

第五章 当众发言成为一种折磨

一个大学生，社交恐惧症患者的困境

Das Geheimnis
des
Samenkorns

我还是我

从前，有个家财万贯的商人梦想着走遍世界的每一块土地。因为生意忙碌，始终不能成行。等他到了50岁，他想："现在再不出发，我就要走不动了。"他立马收拾行李上路了。

他先去了心心念念的埃及，想近距离欣赏下金字塔的美丽与壮观。他找了一家旅店，安排好住宿后，却发现钱包不翼而飞，所有的行李都翻遍了，仍是一无所获。他立马下楼告诉了旅店的老板。老板安慰他说，他会帮忙找找的。

商人沮丧地坐在房间里。"刚出来旅行，钱包就不见了，这不是一个好兆头。"他越想越着急，却毫无办法，只能寄希望第二天能有好消息。

但是第二天钱包仍然没有线索，第三天第四天仍是如此。

突然，商人告诉自己："我可能一辈子只来这儿一次，我还没有看过周围的风景，不能坐在房间里浪费时间。我还是我，和丢钱包之前的我没有区别。既然现在已经这样了，我应该以快乐的心情享受生活。"

商人走出了旅店，尽情游览了埃及的古迹。他知道，把握现在最重要。

高敏感型人格的社交压力

C先生是一名大学生，神情腼腆，小心翼翼地走进了诊疗室，他是被朋友推荐来的。

▶ 第一次谈话

C先生："我已经上大学了，对当众发言有着很深的焦虑感。上周老师在课上布置了几道题的小测验，等我们写得差不多了，老师说要叫一个同学回答下答案。我头皮一紧，马上就紧张起来了，等待老师点名的时间，就像在刑场等着行刑一样。我在心里碎碎念，千万不要叫我。怕什么来什么，老师叫了我的名字，那一刻我的血液都停止了流动。在老师疑惑的催促下，我哆哆嗦嗦地站了起来，心跳简直超过了180，浑身冒虚汗，口干舌燥。老师又重复了一下问题，示意我回答。我咽了口唾沫，只能发出微弱的气声，大脑一片空白，根本想不起来刚刚计算的答案是什么。老师没再说什么，就让我坐下了。仿佛逃过死劫的我逐渐平复了，但屈辱感涌了上来，我感觉周围的同学们对着我指指点点。

"我无法当着很多人的面清晰地表达出自己的想法，只会哆嗦着什么也说不出来。如果哪门课的老师常常点名让同学回答问题的话，那在上课的前一天，我就开始紧张了。我会设想老师可能提出哪些问题，曾经提过什么问题，自己该如何回答，并且在脑海中排练很多次。但是不管我准备得多么充分，一旦我被点名了，就全白费了，我还是什么都回答不出来。现在我的情况越来越严重了，和别人的正常交往都出现了问题。即使只有两个人面对面，我也会紧张了。”

心理治疗师：“能看出来您是一个比较谨慎，会认真做准备的人。您也在尽自己所能寻找解决问题的办法。在这之中，您最害怕什么呢？”

C先生：“我担心自己答不上来，或者说得不好，被别人嘲笑。本身我不是特别聪明的那种人，有时候脑子转不过来，反射弧就会很长。我很担心别人在背地里会取笑我，说我笨。我希望能获得大家对我的某个观点的认可，可面对陌生人时，我没有自信。我越是想要好好表现自己，压力会越大，结果往往不尽如人意。”

心理治疗师：“您是个比较敏感的人，会注意到周围人的情绪，相对地，也会比较在意周围人对您的评价。您能回忆起，在最近的几年里，都发生过什么困扰您的事情吗？”

C先生：“中学时，我就有对发言有焦虑感了。有一次，我被迫参加了演讲比赛，站上台的那一刻，我突然忘记了自己想要说什么，只能看到台下几百名同学盯着我的眼睛。我又怕又急，当时就哭了。自从那之后，我再也不敢参加这种需要当众发言的大型活动了。”

心理治疗师：“您感觉您的情况是在什么时候变得严

重的？”

C先生：“有一门课的老师为了教学质量，将我们分成了不同的学习小组，定期开会讨论作业并整理成小论文提交。前一天，我准备了几十页的PPT来阐述我的想法。但是当其他学习小组的同学侃侃而谈时，坐在旁边的我焦灼万分，果不其然，我的发言一团糟。成员们都很奇怪，纷纷问我怎么了，我也不知道如何回答。现在我找各种理由来逃避任何集体活动。越是这样，我恐人的症状就越严重了。”

心理治疗师：“您的家里人对您的问题做了什么？”

C先生：“我是家里的老大，上小学时，家里又添了三个孩子，父母对我的爱不可避免地被分走了。与同龄人相比，我看起来更加的懂事，承担了一些本应该是父母的责任。于是，父母也将更多的爱放在了弟弟妹妹身上。随着年龄越来越大，我明显感觉父母越来越不关注自己，我也开始自我怀疑，是不是自己不够聪明，不够讨人喜欢。我的父母性格强势，从小到大，他们对我的要求很高。我做得好，他们不会表扬；我做得不好，他们会严厉斥责。我越发努力地希望在学习上得到父母的关注。我希望我努力的事情都能达到我的预期。渐渐地，我对自己的要求越来越高，要求所有的事情都必须完全符合我的心意，比如学习成绩必须是第一名。如果达不到心理预期，我就会心烦意乱，非常焦虑。

“当我发现我对当众发言越来越恐惧的时候，我向父母寻求帮助，但他们只认为这是个小事，多尝试几次自然就好了。我觉得他们一点都不理解我。”

▶ 治疗过程

当众发言本身并不会对C先生产生任何伤害，但是C先生感觉非常恐慌，并对一切社交活动都产生了不正常的焦虑情绪。这种焦虑不能仅仅用胆小或者笨作为解释。在别人看来只是一次普通的活动，对C先生来说却有着重要的意义。每一次无法顺利地在公开场合发言，都让他内心的黑洞越来越大，越来越惶恐。他越希望得到众人的认可，压力就越大。他没有意识到他在四个生活领域中的平衡出现了问题，这刺激了冲突的进一步发展。

C先生的主要现实能力问题是：追求完美、过分关注别人的看法、缺乏自信、和别人交流不畅通。

我们对这些领域进行了深入挖掘和讨论，他在逃避交往的同时陷入了焦虑的漩涡中。在现实能力中，成就导致了最初的冲突。无法宣泄的负面情感只能发泄在自己的身上。

我给C先生讲了《我还是我》这个故事，他若有所思。他明白，自己状态好转的第一步就是正视自己。在治疗过程中，他逐渐认识到自己在生活的四个领域中的缺陷，并开始学习用积极的态度来治愈自己，更积极地面对人群。

积极心理治疗对社交恐惧症的认识

每个人都曾经在某一时刻对某个特定事件或事物感到恐惧，由于这种情况普遍存在，所以往往被看作是一种正常的现象。但是，如果我们对某个事件反复地出现恐慌、焦虑和紧张的心理状态，这种心理上持续受到的微小创伤很可能会引起精神上的疾病，需要重点关注。

社交恐惧症是一种知觉上的反常状态。患者过分惧怕正常的社会交往或外界客观的情况，即使明知自己不会受到任何伤害，这种恐惧反应也无法自我控制，而且会反复出现。具体表现为一旦在人多的场合中发现有人注意到自己，就会出现明显的焦虑症状，比如不自主地脸红、冒虚汗、发抖等。患者会尽力回避这些让自己恐惧的场所或活动，封闭自己。

大多数患者在面对熟人的时候比较正常，面对陌生人或人多的场合时则更加紧张。他们无法在陌生人或者陌生场合中获得想要的反馈，甚至不知道对方对自己的表达有什么样的看法，这一切都令他们更加的紧张。

社交恐惧症和内向不同。内向是一种正常的性格，该性格的人只是不想和外界有过多接触，自身能够提供足够的精力，不需要从外界获得。内向并不需要刻意改变，社交恐惧症的患者则是不敢接触外面世界，恐惧和焦虑的情绪反复出现，这会影响其正常的行为和生活。

更糟糕的是，如果放任症状发展，患者会一直沉浸在对外界的恐惧之中，内心的冲突无法平息。他们可能会选择自己和外界隔离开，以保护自己不再受到任何伤害。他们成天待在家里，不工作、不社交、不和外界接触。在现实世界失去的生活意义，在虚拟世界中找回。但虚拟是离不开现实的，分不清这两者的人会陷入极端情绪中，带来更多的负面状态，比如抑郁、消沉、暴躁等。

来访者—咨询师的反馈

▶ C先生

“面对人群时，我发现我会产生一种不合理的夸张性焦虑，变得容易过度警惕和担忧，这已经干扰了我的日常生活。比如，我无法正常表达我的想法、过度关注别人的看法等。我在与社会的交往过程中，我害怕自己被社交排斥，产生了严重的自我保护盔甲，在众人面前，我不断地体会痛苦的感觉，其实我的焦虑与实际情况根本不相符。我应该学会正面面对自己的焦虑感，不任由负面的情绪控制我。

“我发现，我越是刻意地做些缓解情绪的小动作，比如深呼吸、冥想等，这只是暂时缓解我的焦虑，等到下一次，我需要更多的小动作才可以满足我强烈的情绪。这种缓解动作并未消除我的焦虑感，反而让我越难以控制恐惧。

“当我通过学习生活的四个领域，了解了我过于注重成就和交往领域。《我还是我》这个故事给了我启发，变化的是客观世界，而不是我。我要多把精力放在关注自己的内心上，而不是努力寻求外界的认可。”

▶ 心理治疗师

对自己成就领域的追求和害怕别人嘲笑让C先生感觉非常焦虑。在准备阶段，他就已经提前预想了所以可能的失败场景，进而整个人陷入焦虑和压力中，几乎无法全力以赴做好准备工作。等真的失败之后，他的焦虑也没有消失，他时不时会回忆起当时的尴尬场景，进一步加深了自己对失败的可怕印象。C先生希望以自我愿望控制现实事物，从而引起精神抗拒。

由于C先生对演讲、当众发言有过于严重的恐慌和焦虑感，逐渐发展成为对同学交往的恐惧。他承受了生理和精神上的双重折磨。

当社交压力太大时，您可以这样做

如果您有社交恐惧症的问题，这些问题可以自我检测，帮助您认清自己内心的冲突。

1. 您是如何看待自己的？您是一个性格内向还是开朗活泼的人，是一个乐观还是悲观的人？

2. 您害怕还是享受众人的关注？在人多的地方，您感觉无所适从吗？

3. 您关心自己的身体吗？注意营养均衡吗？看重自己的外表吗？每天会花费时间和精力在化妆打扮上吗？

4. 您经常反思过去自己的表现吗？如果感觉自己做得不好，会努力回忆细节，甚至希望能够从头来过吗？

5. 您会无意识地讨好别人吗？哪怕因此委屈自己。

6. 您常常会将自己和周围人做比较吗？看见别人优秀的地方，自己会自卑吗？

7. 您对周围发生的事情非常敏感吗？您会经常注意周围人的想法吗？您在意旁人对您的评价吗？

8. 如果您被迫要在当众发言，会提前几天就有焦虑的情绪吗？

9. 您害怕接触新的同事、新的工作方式吗？

10. 您会羡慕那些擅长社交、非常会说话的人吗？

11. 您常常和家人交流您的压力和焦虑吗？还有别的话题

吗？如果有的话，是什么？

12．您是否总是对事情做最坏的设想？

13．您是否作息紊乱？比如难以入睡、容易疲劳、睡不够、精力难以集中等。

14．您拥有丰富的想象力吗？

15．对您而言，人生的意义是什么？比如目标、动力、人生规划、疾病和死亡的意义、来世等。

16．您能否将疾病看作是认识某些未曾体验过的领域的机会？（身体/感官、成就、交往、幻想/未来）

第六章 身上的责任太重了

一位教师

Das Geheimnis
des
Samenkorns

日晷上的阴影

从前东方有一个国王，他出游带回一个礼物——日晷，臣子们都很惊喜，因为他们从来没有见过。国王的这份礼物改变了整个国家的生活。百姓们学会了如何划分时间，开始安排时间。他们变得准时、有秩序、更可靠、更勤奋，由此创造了大量的财富，过上了富裕的生活。

国王过世之后，臣子们开始商量如何歌颂国王的伟大功绩。鉴于日晷象征着国王的恩惠，也是百姓幸福生活的源头，所以他们决定围着日晷修建一座有着金穹顶的华丽寺庙。寺庙建成之后，金穹顶遮住了阳光，用来显示时间的阴影不见了，用来计时的日晷也被遮住了。人们失去了时间观念，不再准时、可靠、勤奋。每个人都只做自己认为对的事情，整个国家也就逐渐没落了。

高自尊型人格的成就渴望

一对年过四十的教师夫妇在同事的推荐下来到了我的诊所。丈夫看上去十分清瘦，甚至有点憔悴，他饶有兴致地环视着房间。他的妻子十分和善，身材略显丰满，她让丈夫描述他们遇到的情况。

▶ 第一次谈话

D先生："自1月开始，我的身体情况越来越糟糕了。我常常觉得小腹不适，腰背部的肌肉时常痉挛，有时甚至动弹不了。我一般早上5点就醒了，即使我还很困，也翻来覆去再也睡不着了。我的胃口也变小了，吃早饭的时候，我不得不逼着自己多吃一点。在3个星期内，我的体重掉了3公斤。早上刷牙的时候我常常会干呕，肩膀和脖子的肌肉也总是紧绷着。有时我觉得燥热，脑门上会冒冷汗。我发现自己有时候会突然走神几秒钟，即使在听别人讲话的过程中，也会有几秒钟的时间什么也听不见。我的声音听起来像是嗓子被压着，但是如果不说话，我没有办法给学生上课。自1月份我成为校长之后，这些症状更加严重了。我担心自己会失职，无法承担肩负的责任，因此我辞掉了校长的职务。"

心理治疗师："我觉得您是一个对周围环境很敏感的人。有一句话是这样说的，想要实现自己梦想的人必须时刻保持清醒。

您的情况让您有时间处理白天没有时间整理的想法和问题，您也不需要太久的睡眠。因为您是一个责任心很强的人，所以您会想，是应该就这样接手工作，还是该事先好好考虑清楚。”

D先生：“我从来不知道我的问题，尤其是睡眠障碍，居然能有积极的一面，这让我很惊讶，也给了我希望。我要是接受了一项工作，就希望能完美地完成它，就算我睡不好，吃不好，我也会一直想着我的工作。”

D女士：“我也有失眠的情况，脑子总是乱糟糟的。夜里我在床上翻来覆去，担心一切乱成一团。我觉得自己很难过，所以疯狂地吃甜食，好让自己能开心点。这些问题折磨着我，要不是我还有丈夫和儿子，我甚至不知道生活还有什么意义。1994年，我丈夫在国外待了很长一段时间。我们两个都在工作中遇到了很多问题，我更睡不着了，我的脑子一直在高速地运转，充斥着各种想法。一个月前，他毫无预兆地辞去了校长的职务，周围充斥着各种谣言，从那时起，我就一心想逃离这个地方。但是我的父母一直生病卧床，可能还需要搬家，同时我的公公也病倒了，手术之后不得不住进康复医院。我真的很需要帮助，不然我不知道会发生什么事情。”

心理治疗师：“您能详细地讲讲您的不适症状是从什么时候加剧的吗？具体体现在什么地方？”

D女士：“在家里和学校我都很不适，我既要照顾家人又要平衡工作。在学校里，别人对我丈夫议论纷纷，让我窒息。

心理治疗师转向D先生：“您呢？”

D先生："有一次我接手了一项非常重要的任务，那时我第一次感觉到不适。在学校我没有什么异常，只会在家中出现不适的情况。"

心理治疗师："为什么只在家里呢？"

D先生："因为我的妻子总是责备我，不断地问我为什么要辞去校长的职位。"

D女士："我只是不明白你为什么要把这么重要的职位辞掉，别人会怎么说？如果我的同事问我，我怎么向他们解释？"

心理治疗师："你们两个可以互相帮助，共同解决现在的问题和困难。健康的人不是那些没有问题的人，而是能用积极的态度处理问题的人。

"我觉得你们两个人能一起来真是太好了，就像这句东方的格言说的那样：众人拾柴火焰高。我们可以一起解决问题，寻找内心的愿望。你们怎么看待知足者常乐？"

这对夫妻仔细思考了这句话的含义，开始探索自己行为的积极意义。

▶ 治疗过程

D先生的主要问题是感到难以胜任工作的要求，而且害怕失败。

他一方面觉得自己要对学生和同事负责，在感情上无法划清公事与私事的界限，另一方面又不由自主地希望周围人能认可自己的成绩。当他没有得到别人的认可时，他会觉得自己受到了不公平的对待，感到非常失望。

在他的童年时代，只有获得了好成绩才能得到认可和关爱，所以迄今为止，他只关注成就领域，忽视了其他的领域。直到他的工作状况出现改变，由此产生了别样的感觉，他才开始质疑自己的成就纲领，在治疗的过程中好好地反思。放弃校长职位，这一根据直觉做出的行为对他来说是如释重负的。他又可以像从前那样兢兢业业地完成自己原来的工作。然而因为D女士的反应，这一冲突始终不能平息。

对D女士来说，成就和名声同样重要。因为不断地遭受微小的心理伤害，比如工作上的不堪重负、孩子的教育问题以及亲人的接连生病，让她陷入了绝境，她非常想要逃离，但是找不到出路。除此以外，还有D女士自己非常看重的礼貌方面的问题。她一再谈到，当听到别人对丈夫的议论时，她就会觉得坐立不安。

学习处理冲突的四个生活领域可以让他们重新认识自己，诚实地面对自己的逃避反应。

夫妻二人都非常惊讶，他们的相同之处竟然如此之多，并且接受了这些反映他们身体的不适和情感需求的症状。

积极心理治疗对成就焦虑的认识

普遍认为，老师是成就纲领的代表人物，但是他们又常常因为假期太多、投入不多（尽管不能确定真假），而遭到非议。他们经常会碰到这样的情况，他们一方面是知识的传授者，另一方面又无法获得自己所期待的成功，从而陷入两难的境地。

他们一方面要面对家长的期待，这种期待既可能要求、也可能抵制老师的职责；另一方面要面对，往往从上学的第一天起就负担过重的学生们。这种负担往往与学生的智力无关。许多学生一直承受着巨大的压力，比如居住环境不适宜成长、家庭矛盾、父母对成绩的过高期待和望子成龙的迫切心情，还有普遍存在的过度的感官刺激。

老师夹在学校、家长和学生中间，很容易碰到连他们也难以应付的局面，因为他在每个班都要处理三十几个这样的问题。随着老师教授班级的数量和课时的增多，问题也会成倍增加。

积极心理治疗对于感受现实的认识

当我们碰到冲突的时候，有四种媒介可以帮助人们感知现实。

▶ 感官——我们的感知能力

每个人首先通过自己的感官来感知和了解周围世界，通过触觉、视觉、听觉、嗅觉和味觉来获悉自己身体的反应。要想接受外界的信息，感官是必要的。通过感官我们才能分辨事物的存在与否。通过检验和观察，我们才能进一步接近事物的真相。然而感官对现实的描绘是不够充分的，我们有时会被蒙蔽，把错的当成对的，把真理当成谬误。

观察世界的方式因人而异。一个人认为是红色的东西，在另一个人眼里可能是绿色的；同一个东西，有人喜欢，就有人厌恶。

在我们的感知过程中，感官有时起着主导作用，一个人的外表、语言、表情和其他方面会决定我们对他的好恶。

▶ 理性——我们的认识能力

人们会通过理性来检验他们对现实的感性认识。比如，很烫的火炉可能会烫伤人，但它也可以用来取暖；凉了的火炉不会烫到人，但也不能用来取暖了。不同的体验丰富了我们对事物的理解。理性可以帮助我们解决表面上的矛盾，从而检验现实。

在人类文明发展的过程中，它是最重要的武器之一，因此常被视为检验真理的唯一标准：我思故我在。理性作为检验的标准固然非常重要，但把它作为唯一的标准是不足的。假如理性是认识的绝对标准，一切使用理性依据的学者得出的相同结论就会比实际情况多得多。一个论据再有道理，当条件和视角发生变化时，总会有另一个同样合理的论据可以反驳它。

▶ 习俗——我们的情感能力

人作为一种具有认知能力的生物，同时拥有过去、现在和未来。我们的认知甚至可以超越个人的经验。我们可以继承自己或他人的经验。没有传统习俗，就不可能有整个社会的进步。我们不必总是投身新发明和新创造，也可以参考已经获得的知识。

但是习俗也是偏见和冲突的主要来源之一。在诞生之时被视作真理的各种观念，其正确性会随着时代的发展而变化。新的时代和情景需要的往往是有别于传统的认识。当曾经的标准不再适应时代的要求时，传统习俗的方法就会起主导作用。

▶ 直觉——我们的道德能力

内心的声音也是我们认识世界的一种方法，也被称为心灵之声、直觉和灵感。对于一个人为什么认为什么是重要的、好的、真实和合适的，我们其实无法找到原因。我们常常非常坚持自己的想法，因为我们能确定这样做是正确的，事实也的确如此。人们仅凭直觉和想象就能打破常规，另辟蹊径，找出最深层意义的真理。直觉似乎与人对自己以及对信仰的信任程度直接相关，促进了潜意识力量的发展。直觉在很大程度上会成为新认识的来源，但也很容易受到种种未经理性检验过的、不自觉的成见、偏执和习惯的影响。

潜意识构成了深层个性中的一部分。只有一部分行为的动机是有意识的，并受人类意识的控制。潜意识中还隐藏着一些未发育完成、未分化的能力以及人的精力。因为成熟条件还未达到，人身上潜在的、还未得到发挥的一切能量都沉睡在潜意识当中。这些能力是一种等待着被实现的能量。

此外，潜意识中也存在着被压抑的基本能力与现实能力。有些能力由于不被外界环境所需要所以得不到发展，还有些能力因为其他能力占据了主导地位而渐渐荒废了，这样就导致未曾有过的经历也能造成冲突。

认知能力的四种媒介都有弱点。单独依靠其中的任意一种媒介既不能检验事实，也不能为迄今为止未知的问题找到正确的答案。为了对真理进行合理的检验，我们必须使用所有的四种认识媒介，因为仅仅依靠一种媒介会导致认识过于片面。

来访者—咨询师的反馈

▶ D夫妻

治疗结束之后，D女士说：“只有我和丈夫都参与治疗，才能更好地理解我们共同面临的问题。借助四个生活领域的帮助，我们可以扩大视野。《日晷上的阴影》告诉我们，过去的我们太在意某些领域，而忽略了另一些。观察能力的四个媒介，不仅让我们看到了自己具有不同发展的可能性，也从另一个角度重新看待同事之间的问题，比如竞争、嫉妒和权利的争夺。现在，我们看待未来的方式有了新的态度。虽然我们掌握了许多知识，但并不能掌控一切。

“现在我很感激我丈夫辞去了这个职务。由此引发的危机，对我们来说其实是一种特殊的挑战。”

▶ 心理治疗师

除了处理D夫妻各自面临的冲突以及他们对成就的不同看法以外，感知现实能力的四种媒介在治疗过程中也占据了相当大的比例。两人都能通过列举在工作中的许多案例，认识到自己和同事在某一方面的认识过于片面。

D先生说他有个女儿正在上小学。有一次，老师布置了画一位圣人画像的作业。女儿临摹了一张，并在圣人的脸上画了一些斑点。她觉得如果圣人也是人的话，那他也得过荨麻疹。老师批评了女儿的脑洞，老师认为这是不尊重圣人的表现，还把画撕了。D先生为此去学校找了老师，但老师拒绝交谈。

由于这对夫妻特别关注成绩与现状，所以我们也谈到了未来的话题。作为扩大目标的一个重要组成部分，如何看待未来对许多人来说是一个棘手的问题。人们对未来有着不同的设想，甚至有一些较为极端的例子，比如计划赶不上变化，所以计划也没用；我要把一切可能的情况都考虑到，如果我不能完全把控住局面，我就觉得不得劲儿。

当人生不再按计划开展时，您可以这样做

虽然可以计划未来，可是未来却不一定按照计划发展，这是我们必须接受的事实。不仅个人的前途是这样，人类的未来也是如此。未来的不可控性使很多人灰心丧气，只能认命。但是我们也要承认，认真计划未来也是重要的任务之一。不管多么仔细，总会有不确定因素的存在，我们只要勇敢负责就可以了。这些突发情况要求我们具备的不是技术上的十全十美，而是解决问题的能力。

直觉与幻想超越了直接现实，包含了我们所说的行为和生活的意义、愿望、对未来的憧憬或类似乌托邦的事物。从意义的赋予与获得的方面来说，幻想是一种最高程度上的道德能力，它既能影响个人的发展，也能影响人类的发展。人可以在幻想中创造目标与愿望、并在幻想中将其实现。幻想可以释放个人与集体潜意识中的创造力和破坏力。我们应该多多注意四个生活领域与幻想、直觉的关系。

第七章　心脏不受控制了

一个医生，心脏病患者的生命焦虑

Das Geheimnis des Samenkorns

合适的话

从前有一位君主，他整日思考人生。善恶的本质问题一直困扰着他，于是他命令仆人去找来最美好、最宝贵的器官。仆人给他端来了动物的心脏和舌头。君主看着这两样东西，思考着他们代表的含义，又让仆人取来最丑陋、最恶劣的器官。不一会儿仆人又端来一颗心脏和一条舌头。君主吃惊地问他：“你把心脏和舌头当作最好的器官，现在又说它们是最坏的器官，这是怎么回事？”仆人恭敬地回答道：“如果一个人所思所想皆来自心底，所言皆是真话，那么心和舌头就是最珍贵的器官，这个人就会是健康和幸福的。如果一个人口是心非、所言皆虚，那么他的舌头和心就是他最坏的器官。这样的人在现实生活中挑起的波澜也将充斥着他的内心，他将永远得不到幸福。”

高容忍型人格的情绪创伤

有一位来自德国北部的内科医生，我们称他为E先生。他参加了我们的一个心理治疗培训班。在培训过程中，他表现得十分积极，显示出了浓厚的兴趣。培训结束后，他希望能和我约个时间谈一谈。

他看上去很喜欢体育运动，身材略显清瘦且修长，外表看起来很活泼，给人一种直率的感觉。他已经结婚了，在事业上也一帆风顺。谈话中，我感觉他非常聪明，能够清楚地表达自己的忧伤和孤独，但是他似乎很难表达出自己的抵触情绪。

▶ 第一次谈话

E先生："其实我本人就是医生，但是我最近才发现我病得很厉害。几个月前我的心脏就有迹象表明有点问题，但我没太在意。当时的我觉得自己好像被什么事情追赶着、逼迫着，快要承受不住了，还经常出虚汗。家人和我都觉得当时的我变得暴躁、刻薄、不可理喻、让人难以忍受。去医院检查后，我花了大半年的时间在家休养。

"从那以后，我必须完全改变原本的生活，所有的行为都必须以不能增加心率负担为原则。我不得不放弃曾经最喜欢的体育运动。几年前我就不再喝咖啡了，咖啡会让我胸闷气短。曾经我也因为和前女友的分手而心碎。回想起来，我身体的问题已经不是一天两天的事情了。

“一方面我害怕药物的副作用会带来长久的影响，另一方面祖母和父亲都患有很严重的心律失常，这也让我非常担心。我早就想找到造成这些紊乱的内心深处的原因。我本来有足够的时间好好思考一下自己和周围所发生的一切事情。但是最近我遇到了很多问题，我不知道该怎么办，老觉得心里沉甸甸的。前不久我与大约150名同事一起参加了您的心理治疗培训班。我觉得您的模式很有用，这也是我来找您的原因。”

心理治疗师：“刚才您描述了自己的情况，您能从中看出什么关联吗？或者能发现什么事情吗？您知道是什么让您如此焦虑不安吗？”

E先生：“应该可以。但是最近发生的事情太多了，所以找出具体的原因很困难。有时候我会问自己，现在或者曾经的我对生活的规划到底正不正确。对我的父母而言，最重要的是他们的儿女能过上更好的生活。

“我父亲是战后很久才被释放出来的战俘，他没有机会实现自己当老师的梦想。我的父母非常看重社会地位，他们总是向社会地位更高的人看齐。在我青春期和上大学的时候，我曾试图进行反抗。我接受了新思潮的解放思想，15岁时就退出了教会，我反对一切权威。”

心理治疗师：“您过去觉得生活的意义是什么？现在呢？”

E先生：“曾经有好几年，我在社会主义世界观中寻找内心的稳定，我觉得效果不错。在我看来，即使在今天，神学就其本质而言，也不是一门科学，而是一种意识形态。对曾经的我而言，能够科学地探讨各种社会主义话题十分重要。因为我掌握了必要的知识，所以我觉得自己在讨论的过程中十分有把握。

“直到我第一次作为一名医生接触垂危的患者时，我的观点被动摇了。很多历史事件的发生改变了我的世界观。今天我愿意把自己称作谨慎的探索者，但我坚决拒绝任何形式的意识形态。”

心理治疗师：“对您来说，政治行为指的是什么呢？您是以什么形式参与其中的呢？”

E先生：“在我上中学的时候，青春期的我就已经尝试了一些事情，比如成为学校的发言人，组织成立了各种小组，把时间都花在了辩论和写传单上。我坚决反对在我看来是资产阶级和小市民式的生活。我和几个人合租，我们相互批评分析。直到我慢慢意识到，我需要一些其他的东西，可是改变自己的观点又像是一种背叛。

“有一段时间，我由于背痛不得不卧床休息，我开始认识到社交活动的重要性，因为我那些政治活动中的朋友都没有来看望过我。我意识到参加这些政治活动对我而言不过是另外一种形式的束缚罢了。”

心理治疗师：“您小时候和谁的关系更好？父亲还是母亲？”

E先生：“在我的记忆中，5岁到11岁之间我的家庭一直很和睦。父母不经常抱我们，但是经常陪伴我们，我们一起玩音乐、做手工、散步、讨论问题、骑自行车、游泳、猜谜语。我的青春期来得很早，从那时候开始我和父母的关系逐渐恶化了。

“我无法和父亲说那些对我影响很大的事情，我对他感到非常失望，甚至开始恨他，看不起他。我很早就发现我们家的一切事情都是母亲在打理，是她撑起了这个家。父亲说是战争毁了他，当时的我不能理解，总是朝父亲发泄我的极端情绪。当我被学校开除时，我和他的矛盾到达了顶峰。

“两年以后，由于我母亲的努力，我和父母的关系才渐渐缓和。我们一直有意避开那些非常困扰我的话题。原则是不允许的事就不能去做，我不得不克制自己的性欲。不得不忏悔每一个错误，家里人还用各种可怕的健康和其他方面的后果来恐吓我。”

心理治疗师：“现在您怎么看待这一切呢？”

E先生：“和父亲和解对我来说非常重要。父亲平时很节俭，在我们小时候，不节俭的话根本没办法生活。我把他的75岁生日办得非常热闹，虽然他认为不必这么破费，但他还是很高兴。在他生命的最后几年，我们父子之间终于取得了和解。”

心理治疗师：“您现在的家庭状况如何？”

E先生：“我已经结婚了，有一个儿子。我们夫妻的关系挺好的，有时候也会因为一些家务和节俭方面的问题争吵。之前我妻子在前一段婚姻中的女儿想和我们住在一起，一开始我没办法接受这个事情，但现在我们相处得很好，我很高兴她和我们生活在一起。”

心理治疗师："这些对您的工作有影响吗？"

E先生："有时候我也会这样问自己。我的患者们肯定难以想象，我会因为冲动说出一些恶毒的话。工作的时候我会尽力营造一种和谐的气氛。虽然我病得很重，但我的工作一直没有中断过。"

▶ 治疗过程

E先生从心理治疗培训班和与小组中的其他成员合作得到了安全感和被认可的感觉。他在培训班中了解了事物的内在关联，还学习了平衡模式，扩大了治疗的想法力，因此他开始试着解决他自己的问题。通过分析、挖掘自己微小的精神创伤，运用精神动力学①的观点和深入内容的观察方法，E先生认识到了下面这些现实能力的重要性：

- 夫妻关系中的公平与不公平。妻子埋怨他不能把她和前夫的孩子视如己出。
- 节俭。妻子的消费观念与他完全相反。
- 秩序。他觉得妻子在秩序问题上的观念太过随意，与他的想法不相符。

这些现实能力的不当运用让他们的夫妻关系出现了问题，以至于妻子不愿意再和他交流感情。这位患者身上的关键冲突体现

---

① 精神动力学的观点是行为是由强大的内部力量驱使或激发的。

在对礼貌和诚实的态度上。由于妻子也全身心地体验了这次心理治疗培训，他们的问题可以在积极的家庭治疗中解决。《合适的话》给治疗带来了转机。经过18次的话疗之后，两人终于能在家庭小组中提出和分析问题了。

积极心理治疗对心脏疾病的认识

对心脏病患者来说，解决内在冲突首先要关注的是身体领域，而身体完全服从于成就纲领，公司、诊所、党派和其他的组织机构则取代了个人的人际关系。社交只是为了能获得职业上的晋升和社会的承认。他们对眼前生活和未来的态度可以说是“忧心忡忡”和“闲不下来”，对家庭状况的分析结果总是缺少母爱，值得注意的是，父亲往往不被看作榜样或者行为的楷模。家庭中的主要矛盾往往是由掌权人的权利支配引起的。父母很少主动与外人交流。他们的希望都寄托于孩子的成就以及带给他们的荣誉上。

日常生活中，一些惯用语可以用来表达心脏对人的情绪会做出何种程度剧烈的反应，比如“这简直让我心碎”。心脏和焦虑是密切相关的。心脏的反应通过植物神经直接影响情绪。另一方面，激动和冲突也能通过激素，如通过提高肾上腺素的释放量，导致血压升高和心律不齐。所有强烈的感情波动都会对心脏产生影响，无论是爱和快乐，还是气恼、愤怒和焦虑。焦虑能引起心脏异常，反过来也一样。这两者之间相互影响，最后一发不可收拾。然而患者自己感觉到的仅仅是由焦虑引起的身体不适，认识不到深层的感情、冲突和愿望等。

因为身体的不适，心脏病患者得到了家人的亲近与关心。身体/感官领域对他而言尤为重要，是他关注的焦点。对患者来说，试图通过努力提高自立能力，通过在成就领域的加倍投入来克服自己的依赖倾向比较费力。夫妻间经常会出现矛盾，找到依赖和自立的平衡点非常困难。但是他们很少会因为矛盾和冲突选择分居或离婚，因为心脏病患者认为自己完全没有独自生活的能力，需要伴侣的照顾。

来访者—咨询师的反馈

▶ E先生

“在思考礼貌和诚实这一主题时，我发现父母在面对外人的时候，一直表现得十分友善，我也是这样，对外保持礼貌并不困难。相反地，面对我亲近的人时，我有时会表现得十分粗暴、斤斤计较，甚至咄咄逼人。当然多数情况下事与愿违，因为我越来越不被尊重、不受欢迎。我经常借口我在生病（也可能不是这原因？）对身边的人出言不逊，好让自己能‘喘口气’。

“在生活中体验到的虚伪引起了我的激烈反抗，这也影响了我后来几十年的生活。

“不管消极情绪什么时候出现，会造成什么样的影响，对我而言最重要的是摆脱它，哪怕需要很长的时间和多次讨论才能修补这种裂痕。我的这种态度影响到了家庭生活，因为在家庭生活中，忠于自己的感受非常重要。当我意识到我也有两副面孔，而且这对我的家庭也造成了不好的影响后，我才发现自己可能存在着心理障碍。认识到自己处理各种焦虑的方法的不足，进而改进做法。”

▶ 心理治疗师

鉴于E先生出现的症状，医生们都将他的身体作为治疗的出发点。经过持续多年的治疗之后，E先生的身体恢复到了正常的状态。可是一旦出现某些特定的冲突时，他的身体又会再次出现不适。E先生本来对目前的治疗结果感觉很满意，直到他参加了心理培训治疗班，他才意识到，迄今为止，他没有将自己的病情置于一个更广泛的背景下来看待。他完全按照纯医学的方法来处理自己的问题，只关注了身体与症状之间的关系。

仅仅关注身体与症状之间的关系，很容易导致我们得出片面的结论。人们可能仅注意某一方面的原因，可能是心理的，也有可能是生理的，忽略了其他诱发疾病的因素，比如社会心理因素、饮食习惯、饮酒、运动、吸烟以及对健康和疾病的态度。工作中的不愉快、家庭矛盾、经常性的焦虑状态、挫折的经历、失去信心的心态和觉得一切都没意义的感觉都应该被看作是影响疾病发展和加重负担的因素。

也就是说，如果心绞痛明显是由于过重的成就压力和来自外界的成就要求造成的，那么仅仅把诊断出心绞痛作为诊断结果的做法是有问题的。纯医学的治疗模式必然会造成诊断只停留在生理层面。因为超出这一原因之外的因素被看作是患者的隐私，在治疗过程中可以忽略。

当您也有心脏疾病时，您可以这样做

如果您的心脏有问题，可以根据下列的问题进行自我检测：在四个生活领域中，身体/感官、成就、交往、幻想/未来，您在哪个领域以及在何种程度上存在缺陷。

1．您是一个勇敢、乐于助人的人吗？您是一个坦坦荡荡、有话直说的人吗？关于您的疾病，您还能想到别的谚语吗？这些民间谚语提示了您什么？

2．谁、在什么时候向您说了您的病情？

3．您平时运动吗？了解间隔训练法吗？

4．您定期服药吗？您对吃药有什么看法？您知道药物怎样发挥作用吗？药物可能带来什么副作用？您想通过服药获得什么效果？

5．您在工作中常常与别人发生冲突吗？这会影响您的心率，造成您的焦虑吗？

6．您是否对您的身体过度关心？

7．您会经常自检自己的心脏活动正常吗？

8．健康和焦虑是您和伴侣交流的主要话题吗？还有其他的话题吗？如果有的话是什么？

9．您和伴侣相处的过程中有没有问题？如果有的话，是一些日常琐事吗？和时间、耐心、信任、希望、细心和性生活等问题有关吗？

10．您会同除家人之外的人交往吗？

11．您的想法总是围绕着自己的身体情况吗？

12．新鲜事物会引起您的好奇心吗？焦虑会影响您对未来的设想吗？您会常常回忆过去吗？

13．对您而言，人生的意义是什么？比如目标、动力、人生规划、疾病和死亡的意义、来世等。

14．您能否将疾病看作是认识某些未曾体验过的领域的机会？（身体/感官、成就、交往、幻想/未来）

15．伴侣是否向您提出过分手？

第八章　工作越投入，人就越疲惫

一个法官，走出职业倦怠症

Das Geheimnis
des
Samenkorns

判决迟早得做

一个被冤枉的犯人马上要被处以死刑，他向法官请求，无论如何也要重审一下他的案子。他说：“我发誓，我是无辜的。是那个一直嫉妒我的邻居把这要掉脑袋的罪推到我身上的。”法官说：“那我现在能为您做些什么呢？”犯人回答道：“您为什么问我呢？您得把我的邻居传唤到法庭，审问他，重新调查这桩案子。”法官思考了一会儿，然后用像是刚刚喝过一大罐甜腻的蜂蜜一样的声音安慰犯人说：“您说得很有道理，我很欣赏。我会记住您的话，现在我给您几个建议吧。首先我们必须完成我们的任务，把您处死。我向您保证，我们会把您的邻居传到法庭，仔细地重新审查这桩案子。”他友好地看着犯人，命令法院的仆役把他带下去行刑。然后法官大声说：“下一个。”

高道德感型人格的责任焦虑

45岁的法官F先生来到我的诊所，他的举止非常拘谨，表情很沮丧，不过这也是正常的。他的表达很清晰，对自己的问题也很有见地。几次求医未果，再加上病情加重，这位患者确信自己的身体和心理都出现了问题。

他开始讲述自己的故事，很打动人，脸上的表情也很生动。他说起自己的椎间盘病痛和一次突然的耳聋的经历。随着疾病频频发作，他感到不安、抑郁、焦虑和生活没有意义。不久前他还想换一份工作，没有如愿，他的症状就变得更加严重了。医生的诊断结果是职业倦怠综合征。

▶ 第一次谈话

在说起自己的情况时，起初显得十分镇定的F先生却是忍着泪水，声音哽咽，他的话中不时会出现带有攻击性的字眼。他绝望地说："我是真的受够了。继续工作究竟还有什么意义？我再也忍不了工作、同事、社交中的问题了。"

心理治疗师："我想，可以这样说，您的心情就像一个装满水的木桶，已经压抑到了极点，再多滴入一滴水就要承受不住了。您把很多事情都憋在心里，最终表现为身体的不适。您感觉自己被命运压垮了，什么事也不想问，甚至想从头开始。"

F先生：“我觉得我现在确实已经到达了一个顶点，身体开始强迫我静下心来好好思考现在的处境。我真的很喜欢我的工作，因为我觉得我很适合做法官。但我应付不来那一大堆的避难申请案，这种情况已经持续十多年了，现在几乎成了我工作的重点。”

心理治疗师：“您的焦虑源自避难申请案中的哪部分呢？”

F先生：“唉，是这样的。法律和人之间的冲突越来越大。工作时间久了，我已经能够大概预判出，哪些案子是人为的原因，哪些案子的背后有其他的动机。”

心理治疗师：“您处理案件的时候会接触其他的文化形式吗？”

F先生：“审案的时候当然会了解到别的文化和不同的思维方式。这种情况有时会让审案变得更困难，但是最终的裁决还是得依照法律的规定。这仅仅是其中的一个原因，除此之外还有律师和同事们对我的行为和态度。”

心理治疗师：“具体是什么样呢？您能详细解释一下吗？”

F先生：“如果我根据实际情况不得不拒绝某人的避难申请，律师们就会认为我是在故意刁难，甚至拿出历史上的先例攻击我。我觉得自己受到了不公正的对待，很受伤。这样的情况出现的次数多了，我就会觉得肩上压着一个沉重的负担。尽管有很多问题，我还是会尽快审理完案子。虽然我负责的部分从来没有出现过案件积压的情况，可我得到的从来不是认可，而是同事的妒忌。”

▶ 治疗过程

在F先生讲述的过程中，我注意到，他一方面支持社会公平，另一方面又必须按照规定办事，由此陷入了两难的境地。

于是我给他讲了《判决迟早得做》的故事。

F先生承认，这正是他和许多同事们的处境，这个故事贴切地反映了法官的日常工作。有时他们没有办法顾及每一个重要的方面和视角，就必须做出判决。这种情况常常让他感到无可奈何、心灰意冷。在治疗过程中，F先生数次提及这个故事带给他的启发。另外，心理治疗师还发现，F先生很希望能和同事们和谐相处。

我："您觉得自己受到了不公正的对待，是不是因为每天都要处理那么多不公正的案件呢？"

F先生否认了。他详细地讲述了他的人生经历。他是家里的独子，父母的感情很早就破裂了，但一直没有离婚，就这么凑合着过。母亲很少与别人来往，别人更不会自己主动上门。他很羡慕那些随时可以带朋友回家玩的同学，因为他从来不被允许这样做。父亲是个甩手掌柜，很少过问家里的大事小情，对他的教育更是不闻不问。

F先生："小时候，我常常因为母亲对待父亲的不公正态度而困扰。作为教授的女儿，我的母亲始终不能接受我的父亲——一个来自小城市公务员家庭的普通人。她经常批评他，嘲讽他。在父亲退休以后，母亲整天对他颐指气使，甚至排斥我与父亲来往。我总是夹在他们中间，这让我无法忍受。我的父母都是教徒，虽然信仰在我家里没有起到特别大的作用，但是我不认为母亲拿宗教开玩笑的行为是对的，比如当我接受坚信礼[①]时，母亲取笑我说，什么时候变得这么虔诚了。”

我：“您是否意识到自己讲了不少童年经历过的不公正的事情？”

F先生：“所以我当上法官应该不是纯属偶然吧。”

在治疗中，心理治疗师和F先生一起讨论和分析了公平的现实问题。如果处理一件事情不是从实际出发，而是取决于个人的好恶，那我们会认为这种处理是不公正的；如果某个人希望受到公平对待，但是实际情况并非如此，我们也会产生一种不公正的感觉。

感觉到的公正与否会影响一个人对周围世界的看法，每个人都具有公平的意识。正如公平可以带来正义和希望，不公平会导致反抗、绝望和沮丧。在公平方面的经历会影响个体对未来的期望。

在这一背景下也就不难理解F先生的症状了。他自身的经历使他对公正较为敏感，于是他选择了法官的职业。而在职场中遇到的不公平事件，又让他对周围世界产生了怀疑。

他认识到，他从事的职业特有的责任和在社会政治方面的意义使他身心俱疲。当他要做出一个政治决定时，却得不到同事和

---

① 一种基督教的仪式，孩子只有被施坚信礼后，才能成为教会的正式教徒。

政治家们的支持。在道德的高责任感和潮水般的案件的重压下，他崩溃了。

积极心理治疗对职业倦怠综合征的认识

职业倦怠综合征常常被形容为“筋疲力竭”，指的是在工作上过度投入却得不到充足的休息，长此以往造成了精力衰竭的结果。人就像是汽车的电池，得不到充电，却要高效地工作。职业倦怠综合征的最初症状是人有一种隐隐约约的感觉，总觉得有什么事儿不太对劲儿。典型症状则是疲惫、易激动、身体不适，最后是绝望、抑郁、冷漠或厌恶。

心理学家马蒂亚斯 · 布里希博士[①]在他的论文《职业倦怠综合征——心灵疲惫的理论》中将这一块块“马赛克”拼成了一幅完整的图案。比如最开始是由于在工作上的过度投入，但是结果不是失败了，就是得不到应有的认可。虽然工作本身固然是一个重要因素，但是更重要的是与上司、学生、患者、当事人、家人和顾客之间的冲突以及自己设定的目标过于片面等相关。

不仅外界因素会引起职业倦怠综合征，我们对安逸和宠爱的

---

① 汉堡大学（Universität Hamburg）的心理学教授。

向往同样也会引发症状。我们最多只愿考虑到不久的将来，但是不断地追求成就、长期的保障和承担风险的意愿。这些焦虑因素会直接影响我们的身体情况。

片面的思维方式也同样会造成职业倦怠综合征：医生、精神科医生和心理治疗师首先关注的是人的痛苦、疾病、经历和内心的想法；法律工作者和政治家们首先关注的则是法律，他们的出发点是是否有争议，有无触犯法律和违反由国家权威保护的规定。前者关注的是感情和身体方面，后者则呼吁人的理智和认知能力。这两个都只关注了人的特定一面，进而会导致焦虑和误解的状态。

来访者—咨询师反馈

▶ F先生

“对我而言，是否公正非常重要。现在我意识到了，我常常不能对不公平事件做出恰当的反应。此外，我对交往和幻想/未来这两个领域关注得太少。现在我已经能更好地融入周围的环境了。4月份的时候，我参加了社区组织的合唱团，8月份我和妻子一起创立了一个业余剧团，剧团不定期举行演出，至今反响不错。”

谈到幻想/未来领域时，他说：“近期我将去以色列旅游两个星期。现在我正在研究一位犹太先哲的理论，他认为如果源于同一本源的各个一神论宗教，能结合成一种共同性质的世界性宗教，来反对现代的无神论，那该有多好。

“我认识到我的突发性耳聋和椎间盘疼痛是身体发出的信号，现在我的听力有了很大的好转，承受力也变强了。

“我借助平衡模式重新建立起了自己的平衡，并填补了过去的空白。自立法机构对避难程序的修改生效以来，这一类的案子大大减少了，我的负担也减轻了。通过做报告和举办各种活动，我在政治和社会生活中也帮助了来自其他文化圈的人们。”

▶ 心理治疗师

通过将自己、社会交往以及在社会生活中所经历的不公平事件置于一个更大的背景下来看待，能使F先生如释重负。

想要摆脱平庸的日常时，您可以这样做

您也可以如F先生那样扩大自己对其他文化圈的人们的理解，

这能帮助您减少在与他们的交往过程中的冲突，甚至能避免冲突。假如您来自另一个国家，下面的问题可以帮助您快速适应另一个不同的文化系统，了解自己对当地生活方式的态度。

1. 您最喜欢吃哪国菜？

2. 您愿意尝试哪个国家的民族服装？

3. 您所在的地区和家乡在对待患者的方式上有什么区别吗？

4. 哪些民族音乐最能打动您？

5. 您在身心方面有哪些不适吗？

6. 您能用外语表达自己的情绪吗？激动的时候也能吗？您是如何学习外语的？您更喜欢说哪一种语言？

7. 您从前从事过什么职业？您能找到与专业相关的工作吗？

8. 您满意现在的工作吗？

9. 您和同事们相处愉快吗？

10. 您的经济条件怎么样？

11. 您保留了您自己国家的哪些风俗文化？

12. 您学习了哪些外国人的习惯？

13. 与同胞相比，您在与外国朋友的交往中有哪些不同？

14. 您与外国朋友发生过误会吗？

15. 您和伴侣来自不同的文化圈吗？

16. 离开祖国对您的婚姻有影响吗？

17. 您和伴侣在教育子女方面是否产生过冲突？您特别注重哪些方面？

18. “祖国”这一概念对您意味着什么？

19．您拒绝外国人身上的哪些东西，而且永远不会接受？

20．如果与国内的朋友谈起外国人，您会说什么？

21．您现在认为，在外国经历过的哪些场合、情绪和经验十分重要？

22．您当初为何选择背井离乡？

23．您觉得在外国最缺什么？您最怀念家乡的什么东西？您若回到自己的国家，又会怀念国外的哪些东西？请您列出最重要的三点。

24．身处国外的您在业余时间里会做些什么？在自己的国家里，您又如何安排业余活动？有哪些事是您在国外不能做的？如果有机会，您想做些什么？

25．您遇到过偏见和歧视吗？

26．您能想象永远生活在国外吗？

27．在国外生活一段时间之后，再回到自己的国家，您觉得会有困难吗？为什么？

28．您的世界观是什么？您信仰哪个宗教？

29．您有宗教信仰自由吗？您能得到别人的理解吗？

30．除了以上的问题外，还有哪些方面没有提到吗？

31．为建立多元文化的社会和各个国家的相互理解，您做出了哪些贡献？

第九章　想到要上班，心情就抑郁

一位公务员，害怕被淘汰的中年焦虑

Das Geheimnis des Samenkorns

三条鱼的故事

有一天，渔夫在池塘边停住了脚步，说："这池塘里有很多鱼，我明天就要把鱼都捞光。"池塘里有三条鱼都听见了这句话。于是，第一条鱼开始琢磨，自言自语地说："今天的事儿就别拖到明天。"说完，它立马就游向堤坝，通过坝上的一个小洞逃进了小溪。

第二条鱼并没有因渔夫的话而煞费苦心。它对自己说："早上的我要比晚上更聪明。"于是第二天早晨它才开始去找坝上的洞，却怎么也找不到，因为渔夫把洞堵住了。"情况不太妙，但是我要想想办法，不能乱了阵脚。"它心生一计，游到水面，肚皮朝上浮在水面装死。渔夫以为它死了，就把它扔到岸上去喂鸟，转身在池塘里放下了渔网。第二条鱼趁着渔夫不注意，迅速翻转过身跳进了小溪，它也成功逃生了。

第三条鱼根本不在意渔夫的话。它这样对自己说："我总是能逢凶化吉，这次也一样。"直到渔网抓住了它。渔夫把它杀了之后拿到市场上卖掉了。

消极谨慎型人格的完美主义

在家庭医生的推荐下，G先生来到了我的诊所。59岁的G先生看起来十分小心谨慎，陪他一起来的是他的妻子，她给人一种积极乐观的感觉。我觉得如果没有他的妻子，G先生是不会自己来看诊的。

▶ 第一次谈话

G先生："很长时间，我一直受到焦虑和抑郁的困扰，特别害怕上班。我的身体不好，有心脏病，肠胃也不好，还经常失眠。"

心理治疗师："在我看来，您是一个非常谨慎的人，您的焦虑能让您免犯错误。您的抑郁情绪证明在很长一段时间内，您试图凭感觉弄清自己的问题，但没有找到解决的办法。日常的焦虑让您食不下咽，失眠说明您一直在寻找解决的办法，而且您对周围的一切十分警觉。您觉得我说得有道理吗？"

妻子："我的想法和您一样，可是我的丈夫太消极了。他总是努力去实现自己的目标，但是成功之后，他又不快乐。他确实是一个非常谨慎的人，总想着能完美地完成一切任务。"

G先生很惊讶，在心理治疗师和妻子事先没有沟通的情况下，两个人对他的评价几乎一模一样。"也许你们说得都有道理”，他点头承认。

心理治疗师：“您的症状是从什么时候开始出现的？”

G先生：“我是一个办公室的小领导，手下有22个员工，他们当中的一半人和我的职业经历差不多，而且还都比我年轻。他们在大学时候就学习了现代科技，这让我产生了强烈的自卑感。在我到达了事业上的最高点时，这变成了我沉重的负担，我总是害怕别人会发现我的无能，我怕自己出纰漏。

“大约在18年前我接管这个部门，当时除了我以外还有6个员工，他们都是我的下级。我首先要解决的是专业方面的问题，这方面只要投入相应的时间和精力就能解决。我最大的困难是帮别人做鉴定。一方面，我做不到当面向被鉴定人全盘说出批评的意见，另一方面我又习惯于用自己严格的标准去衡量别人。

“此外，我引以为傲的记忆力下降得很厉害，而且我的精力越来越无法集中。我不得不一再询问和了解信息，浪费了很多的时间。我的工作文件越堆越高，读过的东西只要过了几天，就会忘得一干二净。一年前，我得知自己必须接管另一个部门而且有新的同事之后，我的情况就更糟糕了。除此之外，我还必须主管自己一窍不通的电子数据处理工作，那时我就觉得自己快要承受不了了。”

话疗的直接目标是在一定程度上缓解G先生的不适症状。于是心理治疗师给他讲了《三条鱼的故事》，这让他看问题的视角有了出人意料的转变。

G先生：“我想，是我自己把生活变得如此困难，因为我总是把所有事情都往后拖，而不是尽快解决困扰我的问题。我总是在等待一个合适的时机，等得太久而它往往来得太迟。我还想把一切都做得完美，害怕做出错误的决定，影响自己的名誉或者浪费钱。”

心理治疗师：“通过您的描述，我觉得您是一个值得信赖的人。您工作非常认真，甚至有时过于认真。那么焦虑和抑郁在您身上是如何表现的呢？”

G先生：“我每天都醒很早，一想到新的一天又开始了，我就会陷入恐慌，浑身冒汗，再也睡不着了。一般情况下，我在星期天就开始焦虑，若是休假，在假期过半的时候，我就会陷入这种状态。我还害怕我会在两个孩子工作之前退休。有时候，我真的无法忍受这种抑郁情绪了，我已经失去了生活的所有乐趣。”

心理治疗师：“您是一个非常有责任感的人。尽管有许多问题，也并不快乐，您还是努力完成自己的任务。面对工作上的变化，您的身体有什么反应？”

G先生：“我是一个胆子很小的人。从德国东部逃出来以后，我们家一开始住在巴伐利亚[①]，等我上文理中学的时候，我们搬到了下萨克森州[②]。由于转学，我的肠胃第一次出现了问题，心脏及血液循环也不太好。从那以后，只要我紧张、焦虑，这些症状就会出现。小时候在逃跑的途中，我得了严重的黄疸病，10年

① 德国面积最大的联邦州。

② 德国面积第二大的州。

前我又得了胃溃疡。

“得知我所在的部门要改组的消息，我非常震惊。这期间，我连续好几个月在治疗牙齿，因为我的上牙床的全部牙齿都要拔掉。现在我戴上了假牙，却习惯不了。我没什么食欲，体重减轻了9公斤。此外我还有抑郁、焦虑和失眠的问题。”

心理治疗师：“我认为您是想靠自己的力量解决这些问题。尽管您的身体不太好，您还是尝试着认真、按时、可靠地完成您的任务。那至今您都做了什么努力呢？”

G先生：“实际上我什么也没做。我的家庭医生在两年前就劝我去看一看精神科医生，可是我害怕就没去。不久之后，这位给我看了20年病的医生去世了，再也没有人能给我出主意了。几个月以后我得知部门要改组的消息，我曾经尝试换一个工作，可是没有成功。”

心理治疗师：“面对您的问题，您的家人是怎么做的？”

G先生：“我有两个孩子都在外地上大学，只有周末才回家。让我难过的是，我的儿子从家里搬走了。从前，我经常加班，总是把工作带回家。我现在明白了，过分地投入工作剥夺了我陪伴妻子和孩子们的时间。虽然我的妻子曾经对此非常宽容和忍让，给予了我充分的理解，可是现在恐怕连她也觉得我太过分了。”

妻子：“其实我们一直很理解你，也愿意尽一切所能来帮你。”

心理治疗师：“您喜欢您的工作吗？还是想做一些其他的

事情？”

G先生：“学习工程技术确实是我的兴趣，出于经济上的考虑才决定在联邦机构工作。我来自西里西亚[1]，从那里逃出来后，我们必须在西部重新开始生活。我的父母不能供我完成学业，所以在选择专业时，学费是一个必须要考虑的问题。现在我已经不喜欢这份工作了，这完全是一个技术管理工作，几乎接触不到新的技术，可以说是完全过时了。”

心理治疗师：“如果给您一个机会让您选择，您最想和我聊聊哪三个问题？”

G先生：“首先我想和您聊聊我的工作情况，这最让我头大。其次是我的抑郁症；最后，如果我不做这个工作的话，以后该怎么办？”

▶ 治疗过程

G先生认识到了他的不足之处。由于他的焦虑，工作在他的生活中占据了比从前更重要的地位。为了避免出差错，他习惯仔细检查所有的环节，因此花费了大量的时间，工作积压成山，又加剧了他的自卑、恐慌和沮丧。就他具有的应对冲突的能力而言，存有缺陷的是身体/感官、交往及幻想/未来领域。

---

① 中欧的一个历史地域名称。该地域的绝大部分地区属于波兰，小部分则属于捷克和德国。

G先生没有意识到这些缺陷很大程度上刺激了冲突进一步恶化。对于他来说，这些领域在他现实生活中占据的并不是主要位置，已经不能引起他的关注了；另一方面，这些领域中的失衡又造成了他的焦虑和抑郁。

从诊断结果看，G先生患有身心病痛的抑郁症，原因是过于沉重的情感负担，外加巨大的焦虑感。造成现实冲突的是他在工作上的不堪重负以及对失败的焦虑，鉴于他迄今为止的生活经历，这都是可以理解的。

在各种现实能力中，主要是节俭导致的冲突。他总是担心一旦自己提前退休，就不能继续供他的孩子完成学业了。

尽管有着各种各样的顾虑，G先生已经明白了，要想自己的病能够好转只有放弃自己的工作。

积极心理治疗对焦虑和抑郁的认识

我们应对、解决各种矛盾和问题的方法都不尽相同，关键在于我们看待、解释和评价问题的方式，而这又取决于我们的行动纲领、世界观、人生哲学以及伦理道德观，甚至是各自的宗教价值。

我们到底是存在于社会中还是孤立于社会，主要取决于我们

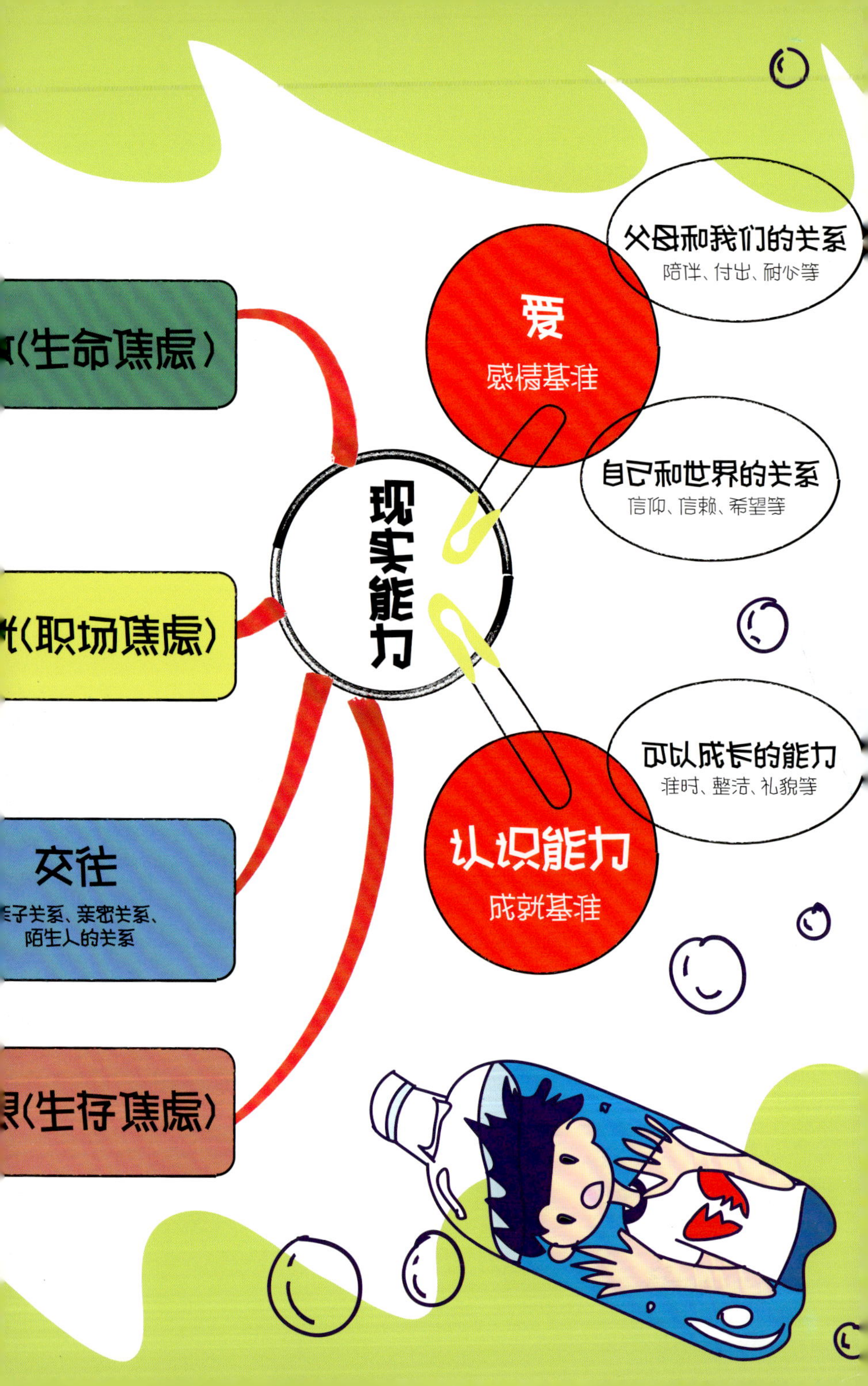

（生命焦虑）
（职场焦虑）
交往
子关系、亲密关系、
陌生人的关系
（生存焦虑）
现实能力
爱
感情基准
父母和我们的关系
陪伴、付出、耐心等
自己和世界的关系
信仰、信赖、希望等
可以成长的能力
准时、整洁、礼貌等
认识能力
成就基准

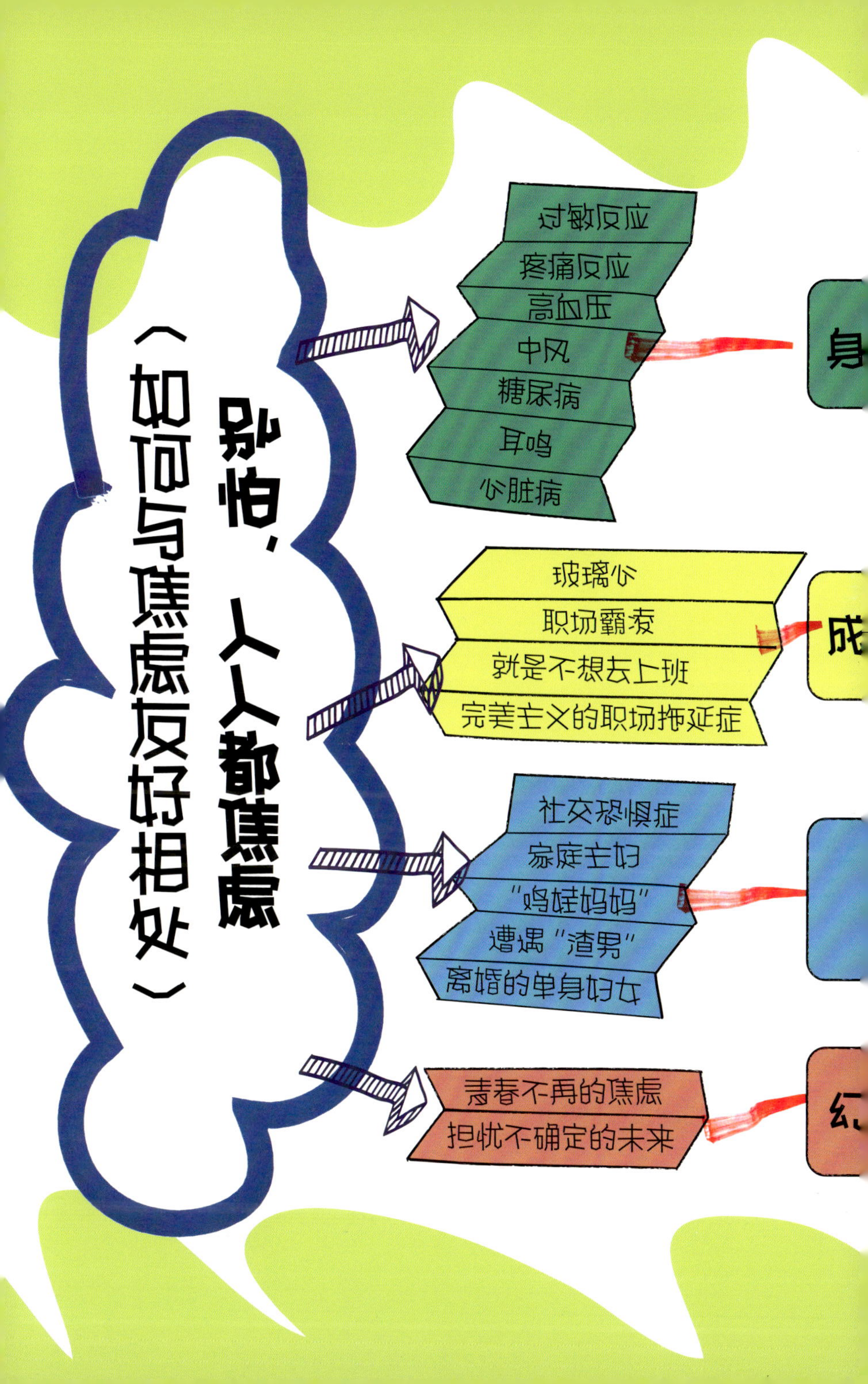

影怕，人人都焦虑
（如何与焦虑友好相处）
过敏反应
疼痛反应
高血压
中风
糖尿病
耳鸣
心脏病
玻璃心
职场霸凌
就是不想去上班
完美主义的职场拖延症
社交恐惧症
家庭主妇
“鸡娃妈妈”
遭遇“渣男”
离婚的单身妇女
青春不再的焦虑
担忧不确定的未来

是能与他人一起商讨问题，还是以一人之力承担一切。

根据平衡模式，焦虑和抑郁可以分为四种形式。

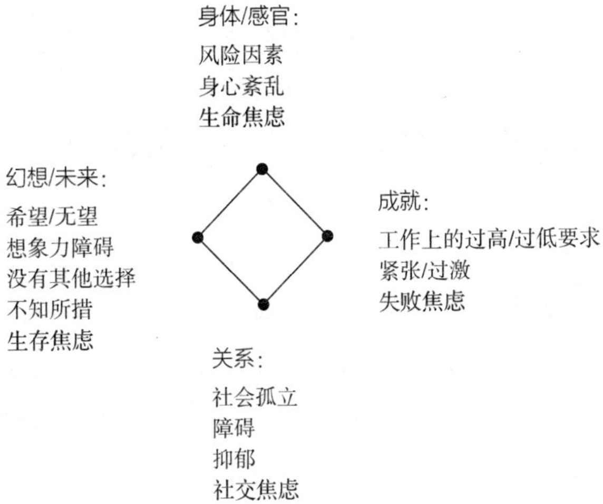

究竟是未来前景、社会接受度，还是生存及社交焦虑在我们身上占据了主导地位，决定了我们能否合理地发挥解决问题的能力和检验现实的理智程度。对于勤奋/成就这一现实能力，也就是对我们的工作而言，思维和理智占据了中心地位，只有它们能提高我们的成绩。这会影响到我们对工作的满意度，是选择逃避到工作当中还是逃离工作的要求。

能否合理地处理生存、社交和失败的焦虑也取决于患者的身体状况以及他的“体我感”，也就是说，取决于他是如何感受和对待自己身体的。

作为一种意志消沉、犹豫不决和害怕贫困潦倒的感觉，以及通过自我毁灭逃避所有困难的愿望，经常会通过身体上的不适表现出来，继而成为心理冲突的心因性表现。当然，这种描述仅仅符合部分的抑郁症病情。

所有的抑郁反应都会出现一种对感情的强烈依附。抑郁常常源于分离的倾向，这种分离的倾向会动摇一个人的安全感和归属感。总之，患者常常只看到事物的反面，在他们看来，一个半满的瓶子其实是一个半空的瓶子。

抑郁也是一种以最深的情感面对各种冲突和压力的能力。冲突不会向外发泄，而是在内心深处爆发。患有抑郁症的人具有一种令他人惊叹的能力，即不设防地直接面对生活中的各种生存焦虑。从抑制攻击性的角度来说，占主要地位的是礼貌与诚实间的冲突，即在表达对抗性的情绪方面存在障碍。

抑郁症患者就像一个关紧阀门的高压锅。从外面看起来似乎一切都很平静，实际上他随时都有可能通过激烈的反应自我毁灭。患者将不被允许的攻击性情绪发泄在自己身上。如何控制自己的抵触情绪，即在礼貌和诚实之间找到平衡，是治疗抑郁症的关键性问题。

来访者—咨询师的反馈

▶ G先生

G先生："通过心理治疗，我才逐渐认识到，一直以来，我确实过于注重成绩，而忽略了生活的其他方面。或许我真的需要一些改变，接受提前退休的事实。但是放弃我生命中最重要的工作，并不是一件那么简单的事情。以前我试图通过提高成就来弥补自卑感和不断加深的焦虑感，避免失败和丢脸。退休以后，我害怕遇见那些会聊起辞职和我的病情的人。

"治疗一段时间以后，我不再害怕面对从前的同事，在街上遇到他们时也能主动打招呼，而不是绕着走。我还会去原来的办公室看望大家，有机会也接受同事的邀请。虽然我知道我无法再继续工作了，但我还是非常怀念自己的成绩，尽管当时为了取得成绩我曾经焦头烂额。除此之外，我也很怀念和同事们的交往。现在，我的看法已和从前大不一样了。

"没有了工作的压力，生活各个方面之间的关系自然而然就调整好了。我会定期去野外远足、游泳、滑雪，一星期参加一次老年大学的学习班。这都是我以前非常喜欢却很少有时间参加的活动。显然这些活动都有助于缓解抑郁症状，特别是当你对这些不太在意的时候，就会发现这一点。

"在交往领域，我和妻子抓住每一个能与他人交流的机会。

此外我还学习了意大利语，参加了很多教会的活动。我一直在想，或许有一天我能去学神学，只是这个愿望至今还没能实现，因为我必须照顾我的家人。比如有一段时间我得去照顾已经90岁的母亲。她住在我姐姐家里，以前她可以生活自理，而她中风以后，就需要人照顾了。因为我姐姐还在工作，照顾母亲的任务就交给了我。另外我每隔一段时间也会去照顾一下我的一位独居的姑母，她已经82岁了，必须有人帮忙做家务和收拾花园。在我女儿参加工作以后，我还得帮她买房子和装修。

“出现了这么多的变化，我要是说一切都已经恢复了正常，那我就是在骗人了。突然出现意外情况时，比如儿子在工作第一年就被辞退了，当时的我很恐慌。但与以前不同的是，我不会再连续好几天不说话了，而且很快就能回过神来。我学会了更好地应付突如其来的状况，比从前大方多了，也能更好地处理经济上的意外情况。我和妻子经常笑着谈起《昂贵的节约》这个故事。”

昂贵的节约

一名男子因受贿而被审判，所有的证据都证明他是有罪的，就等法官做出判决了。法官是一个通情达理的人，他向犯人说明了三种惩罚方式，让他自己任选一种：要么付100个土曼①，要么挨打50下鞭打，要么吃下5公斤洋葱。

① 伊朗货币。

犯人心想："吃洋葱有什么难的？"于是他选择吃洋葱。吃了还不到一斤，犯人就受不了了，他只要一瞄到洋葱就开始厌恶地生理性颤抖。他翻着白眼，眼泪、鼻涕糊了一脸。他痛哭着说："高贵的法庭，别让我吃这些洋葱了，我情愿挨鞭子。"他在心里打着算盘，想着这样也可以省下不少钱了，他的吝啬尽人皆知。

法院的仆役扒光了他的衣服，把他摁到长凳上。仆役强壮的身体和柔韧的荆条把犯人吓得瑟瑟发抖，背上每挨一下他就疼得嚎叫，一声比一声高。挨了十下后，他又哀求道："高贵的法庭，请怜悯我，饶了我吧。"法官拒绝了。犯人央求道："我还是付那100个土曼吧。"本来他既不想受皮肉之苦，又不想出一分钱，结果却把三种惩罚都尝遍了。

▶ 心理治疗师

在深层心理挖掘的积极心理治疗下，我们在一年之内进行了50次话疗，分析和解决G先生面临的问题。

他和妻子在治疗过程中一再提到三条鱼的故事，这个故事影响了他的看法。之后G先生能更好地规划自己的人生，并且关注到生活的其他领域。

关于抑郁症的一些意见

从内容上看，我们在治疗过程中特别关注了以下对治疗抑郁症较为重要的几点：

- 更坦诚地面对自我，与伴侣的相处中表现出更多的独立与直率，扩大交往面，培养新的兴趣和爱好，有勇气实现自己的想法。“如果您恢复了健康，不受抑郁症的困扰，您想做些什么呢？”

- 对关心他的人而言，帮助抑郁症患者从各种义务中解脱出来，是阻止抑郁症发作阶段的一个重要任务。同样重要的是，让抑郁症患者学会在适当的时候逐步承担起日常的责任。抑郁症患者的无计可施常常会使周围人热心地给他出谋划策，有些建议甚至是互相矛盾的。G先生的妻子参与了治疗过程，这样她就可以在治疗之外承担起辅助治疗的任务。

- 抑郁症患者自然也需要周围人的关心和理解。可是如果过度投入感情，他们自己也容易陷入抑郁的情绪中，那么真正的患者就不可能从他们身上获得帮助，这样就会出现一种荒唐的局面，即G先生使心理治疗师和家人相信他的看法是正确的。换位思考并不意味着要无条件接受对方的想法。

- 当焦虑和抑郁发展到较为严重的阶段，甚至出现身体上的病痛时，药物可以给予患者很大的帮助。因此在治疗的前八个星期内，G先生一直接受药物治疗。抑郁症患者的病情比较复杂，服用的药物必须根据具体情况而定。在治疗某些患者时，可以将消除抑郁症状的药物同缓解焦虑的药物配合使用。药物治疗是对心理治疗和自助疗法的一种辅助治疗。

- 抑郁症患者会固执地切断自己在感情上与其周围世界的联系。他会认为，周围发生的一切几乎无一例外都在证实这是无意义的、绝对不公平的、毫无希望的、有罪过的。患者在这种心态中越陷越深，并且越来越倾向曲解现实。如果患者紧抓着这些消极的想法不放，这种抑郁的情绪就会不断加深。

为了避免这种情况的发生，抑郁症患者可以从积极的角度思考问题，比如一个半空的瓶子，可以将它积极地理解为一个半满的瓶子。这样一来，G先生不仅不会受到消极的影响，也不会再觉得有负担。同样的，周围人就可以坦率地表达自己对事物的看法，供对方参考。与常见的建议不同的是，这种思维的扩大不含有任何责任，不会施加压力，并给对方时间去适应这种扩大了的思维和观察方式。借助这种方法，周围人能变得更加有耐心，这正是在与抑郁症患者相处时所必需的。

第十章　皮肤病让人无法忍受

一位女老板，过敏反应引起的生命焦虑

Das Geheimnis
des
Samenkorns

危机也是机会

传说有个热恋中的男子，常年与爱人异地分离，思念让他日日煎熬，整个人身心憔悴，无精打采。没有爱人的生活对他来说就是一场幻梦，而时间一点点耗干他的精力。多少个白天，他沉浸在对爱人的思念中；多少个黑夜，他因想念而夜不能寐。他叹息着，哀鸣着，心的伤痛在一分一秒地加剧。哪怕只尝一滴相聚时的美酒，他都愿意献出自己的生命。

可是一切都是幻想，没有一个医生能治愈他，所有的朋友也都躲着他。没有灵丹妙药，只有爱人能够拯救他。思念之树结出了悲伤的果实，希望之火也越来越弱，直到化为了灰烬。

有天晚上，他沮丧地离开了家，在街上漫无目的地闲逛。突然他感觉有一个守夜的更夫在追赶着他，他立马逃跑，可是那人紧追不舍，追他的人越来越多，甚至挡住了他的每一条生路。焦急中他大喊大叫，像没头苍蝇一样来回乱窜。他哀号道："这个更夫肯定是死神，追着要把我带走，不然他就是一个专门来抓我的吸血鬼。"

他怀揣着一颗狂跳的心，爬上了一家花园的墙头，可是这墙是如此高，他向下望去只觉得一阵晕眩，一不小心，就一头栽进了花园里。此刻的他已经看淡了生命。当他睁开眼睛，却看到爱人出现在了他的眼前。他的爱人手里拿着一盏灯，正在花园里寻找一个丢了的戒指。当他看见爱人时，他发出一声解脱的叹息，他将手伸向天空喊道：“哦，上帝啊，请赐予那个更夫荣誉、财富和永生吧。他肯定是为我引路的天使加夫里尔，或者是使我这个苦命人获得甘露的天使拉斐尔。”

这个人认为那个更夫看似残忍的行动背后隐藏着对他的同情，他把干涸在爱的沙漠中的人带到了有爱人存在的海边，用爱情的灯光驱散了分离的阴影。天涯缩为咫尺，一颗受伤的心终于来到了心灵医生的手中。

——摘自巴哈伊教经书

高度不安型人格的失控生活

H女士在丈夫的陪伴下来到我的诊所，他们住在离这儿有725公里远的新联邦州。她的家庭医生正在参加我的心理治疗培训班，在他的推荐下，她找到了我。

H女士看起来是一个谦虚的人，她的脸上有时毫无表情，语言也较为质朴。

在一开始的描述中，她的情绪没有太大的波动。她显得疲惫、痛苦和绝望，似乎在向外界发出求救的信号。她的丈夫则看起来十分温和客气。

▶ 第一次谈话

H女士：“四年来，我饱受神经性皮炎的折磨，难以忍受的瘙痒简直让我发疯。所有的药物、治疗和其他措施都只能暂时缓解病情。我不知道该怎么办了。作为个体商人，我每天要工作16个小时，精力不够的话根本扛不下来。”

心理治疗师：“我觉得您能千里迢迢和丈夫一起来到这里非常了不起。让我们一起看看，皮肤病与工作、家庭情况以及在新联邦州生活各方面的变化之间的联系。

“在过去的四年中发生了许多对您影响颇深的事情。您听过这些说法吗？比如心满意足、不知羞耻、禀性难移、自保、皮肤是心灵的镜子等。”

H女士：“嗯，我听过这些话，有时我真想手一甩，什么都不管了。虽然路程很远，我的家庭医生建议我来这里找您。我很期待和您的这次谈话，在经历了那么多次失败的治疗之后，我觉得这儿可能是发现问题的最后机会了。”

心理治疗师：“您是从事什么工作的？”

H女士：“其实这个事情发生得比较突然。我是学工程经济学的，这么多年来一直在这个领域工作。国家统一之后，我的工作上发生了很多变动，加上担心我丈夫，于是我决定重新开始。1991年，我一时兴起，决定开一家饭店。为了糊口我必须成功，不能失败。饭店的附近有一家疗养区，旺季时我一天得工作14到16个小时，淡季能轻松一点，可是又希望能多来点客人。”

心理治疗师：“在最近的几年，您的家庭、工作和社会生活中分别发生了什么事情？”

H女士：“1991年，我辞职后开了这家饭点。同年秋天，我就得了皮炎。我曾经尝试过吃药、外敷药膏、喝药茶等方法。我还去看了医生，在医院住了六周。我也去做了一次心理治疗，但是病情并没有好转。去年，我在地中海待了三周，最后一周我的症状居然消失了，可是当我回到家，它又复发了。1991年以来，除了由于生病休息和这次的休假外，我没有休息过一天。第二年我的母亲去世了。女儿（在我的第一次婚姻中，我生了三个孩子，现在他们都已经成年）也离婚搬去了德国西部。她因为离婚而痛苦万分，我们看着也心疼。周末的时候，外孙总来我们这儿玩。”

心理治疗师：“这么多事儿您都扛过来了，我真心佩服您。除了工作之外，您还要操心家里的里里外外。两德统一对您的生活有什么影响吗？”

H女士：“如果我说一切都变了，听起来有些不可思议。从前我们一穷二白，即使努力工作，也赚不到钱。而现在我们自由多了，只要工作，就能挣很多钱。但是，旧有的秩序被打破了，我们却对新秩序一无所知，所以有时会感到不知所措。我们不可能一夜之间丢掉世代相传的行为习惯，有时很难重新找到自己的位置。”

心理治疗师：“这一切对您的丈夫有什么影响呢？”

H女士：“40年来，我丈夫一直在领导层工作。别人认为他作为旧体制的领导层中的一员不能适应新时代，所以他被迫提前退休了。他难以接受这个事实，也不甘心。这么多年来，他帮助公司发展壮大，倾注了一生的心血，奉献了整个青春。他生病了，病得很厉害，这也让我很痛苦。我必须以照顾他为优先事项，暂时把自己的兴趣放到了一边。我本来可以有一个新工作，待遇也不错，但我没有接受，因为我担心丈夫一个人在家会出事。”

心理治疗师：“您是和丈夫一起经营饭店吗？”

H女士：“对，他尽可能地支持我，偏偏所有的麻烦事都扎着堆儿来了。工作使我快乐，我现在还在带徒弟，觉得有人认可我的价值。只是我们可以休息的时间太少了。我们没时间像以前那样去看话剧或者听音乐会，甚至因为没空管理果园，水果只能烂在果园里。我的孩子们也不能理解，为什么我们不能经常去看他们。这种想法并不过分，可我觉得这些对我们很不公平。”

心理治疗师：“请您看一下黑板（处理冲突的四个生活领域），您认为现在您在这四个领域上的精力是如何分配的？”

H女士（犹豫片刻）：“之前我只关注了成就领域。鉴于我现在的身体状况，身体领域也有涉及，另外两个领域就被忽略了。”

心理治疗师：“既然您已经认识到了，那么您可以在下次谈话之前思考一下，如果想要修正这种不均衡的分配，您能做些什么。”

▶ 治疗过程

深入学习了处理冲突的四个生活领域之后，夫妻二人认识到他们过于投入成就领域，而忽视了其他领域，造成了生活的失衡。刚才一直沉默的丈夫说出了自己目前的困扰，曾经在工作中遭受的不公平待遇、失去了热爱的工作、担心妻子的病情等。《危机也是机会》的故事对他们很有启发，促使他们开始谈到变化的积极方面。丈夫这样说：“说不定坏事就变成好事了。”

涉及对危机的干预时，我同这对夫妻一共进行了三次话疗，随后他们的家庭医生接过了治疗的任务。在治疗过程中，以处理冲突的四个生活领域为基础，并考虑各种现实能力，对妻子而言是公正，对丈夫是礼貌和诚实，我和夫妻二人一起找出了他们的病情与心理社会方面的内在联系。

积极心理治疗对过敏反应的认识

过敏反应也称作变态反应或超敏反应，即人体对特定的刺激过于敏感。当然，不是每个人的过敏反应都表现为皮肤过敏。

到底是什么造成了易过敏的体质？或者对什么东西过敏？是对父母、伴侣、婆婆或岳母、上司、工作、政治还是社会上的不公平现象吗？从具体内容上分析变得十分重要：我对某些事物的过敏程度如何？比如迟到或者过分要求准时、吝啬或铺张浪费、强迫症或者懒散、朝三暮四、洁癖或是邋遢。如果伴侣从来没有时间观念，我会有什么反应？仔细观察，我们就能发现，这些小事，即所谓的微小创伤，从一开始就刺激着人的变态反应，使人长期处于焦虑状态，进而影响免疫系统功能。实际经验表明，仅针对刺激物质，如花粉或室内灰尘进行脱敏治疗是远远不够的，还必须顾及微小创伤对现实能力的影响，即处理冲突的四个生活领域、现实能力及四种榜样范畴。

从上面的寓言故事中可以看出，人们早就发现了皮肤问题和外界事件之间存在着某种必然联系，人的焦虑甚至能反映到皮肤上。

可以说，皮肤是一种典型的表现心理活动的器官。当局部的皮肤特别容易对某种情绪产生反应时，就不应该视其为偶然现象。一个人的外貌，特别是皮肤，会给周围人留下很深刻的印象。它传达的是一种非语言的信息。通过皮肤的颜色和情况，可以判断一个人的年龄、他的状态是精神饱满还是疲惫不堪、一切顺利还是事事受挫、是否有什么事深深影响着他，所以皮肤被称为心灵的镜子并不是偶然。

生活中的一些琐事，比如是否注意卫生、礼貌、诚实、准时、公正、秩序观念、肢体接触、细心和性欲，通常起着非常重要的作用。患者的皮肤对其作出反应，然而伴侣却毫无察觉。

处理冲突时应该特别关注的领域是身体/感官。皮肤病患者会有一些特殊的、乍一看相互矛盾的个性。他的脸皮时薄时厚、时而迟钝时而敏感。遇到让他内心恨不得撕破脸皮的事情时，他也能忍让继续戴着友好的面具。

如果我们研究一下患者的生活经历就会发现，一方面他们从小就在身体/感官领域存在缺陷。父母很少与他们有肢体接触，导致他们缺乏温暖和安全感。在他们的眼中，母亲是冷冰冰的，而父亲既没时间又没有耐心。另一方面也存在着父母过度关注孩子的情况。

在对子女的教育中，父母通常最注重的是孩子的卫生观念。孩子感受到的父母间的关系不是冷漠就是过度亲热。不管是积极的感受还是气恼与争执，父母通常都不会在孩子面前表露出来。在与外人相处时，父母要么是社恐，要么是过分好客，在他们眼中，别人的看法至关重要。许多患者根本不了解父母的内心，比如他们对生活的意义或者信仰的态度和看法（从没谈过这些事情），他们能回忆起来的只有家里的各种规矩。

以上是对皮肤病和过敏体质的几点解释。对个人来说，重要的是弄清楚“到底是什么影响了情绪”。

来访者—咨询师的反馈

▶ H女士及丈夫

“我们是家庭医生推荐过来的，我们觉得很高兴，因为现在终于不像从前一样摸不到头绪了。我们可以在一个更宽广的视野下研究我的病情。您讲述的几个寓言故事，给我们很大启发，我们鼓起勇气调整了四个领域中的不平衡，并且有意地发现周围变化的积极方面。

“从这个意义上，我们也会在很大的程度上影响到周围的朋友。从前我们不快乐，因为又没钱又没时间。现在的生活条件越来越好，我们还是不怎么快乐，也许是我们期待得太多，也许是我们没有适应新的生活方式。我们没有独立工作和做决定的经验，而想要做出一番事业和追求完美的愿望把我们逼进了一条死胡同。”

▶ 心理治疗师

H女士病情的发展与她极强的成就欲之间存在着一种密切的关系，而较好的经济收入又进一步刺激了她的成就欲。如果没有确定新的生活纲领和行动方向，适应职业上、私人生活中以及社会生活中的新环境就成了造成焦虑的因素。长期工作上的压力、过长的劳动时间、与员工的摩擦，再加上为女儿在婚姻中的委屈而感到不公平，这一切都伤害了H女士的自尊心，引起了皮肤病。

H女士的家庭医生告诉我，四个生活领域的平衡模式给这对夫妻的生活带来了转机。他们关闭了饭店，H女士的身体也比原来好多了。

当您也被过敏症困扰时，您可以这样做

下面是一些有关皮肤病和过敏的问题，也许能帮助您重新认识现实能力，并让您了解疾病对您意味着什么。

1. 您是一个容易情绪激动的人吗？您不说出您的看法会心痒难耐吗？什么事情会引起您的情绪波动？您还能用其他成语来形容您的病情吗？您能从这些民间的寓言故事中学到什么？

2．您是一个厚脸皮的人吗？您是否借此保护自己不受伤害？

3．您在什么时候，通过谁知道您的病情？

4．您和伴侣很注重外表吗？化妆和化妆品在您的生活中是否很重要？

5．您定期服用医生开的药物吗？您知道这些药物有什么作用吗？期待它们达到什么样的效果吗？它们有副作用吗？

6．疾病对您的工作有哪些影响？您的工作又对疾病有什么影响？

7．日常生活中的哪些小事，比如公平、清洁、准时、节俭、交往等，能引起您的情绪波动？

8．您是否刻意回避某人？是否有人爱慕您，您却不想与其交往？

9．您喜欢温情的话语和身体接触吗？

10．您是否有时恨不得破口大骂，最终依旧是忍气吞声？

11．社会关系（客人、朋友、亲戚、邻居、同事）对您和伴侣意味着什么？您和伴侣有哪些相同和不同之处？

12．您认同“皮肤是心灵的镜子”这一说法吗？

13．您的思想世界是否充斥着消极的想法？

14．对于您而言，人生的意义是什么？比如目标、动力、人生规划、疾病和死亡的意义、来世等。

15．您能否将疾病看作是认识某些未曾体验过的领域的机会？（身体/感官、成就、交往、幻想/未来）

第十一章 遭遇职场霸凌怎么办？

一位经理，心直口快者的职场排挤焦虑

Das Geheimnis des Samenkorns

乌鸦与孔雀

皇宫的花园里，一只乌鸦落在一棵橘子树上。在修剪得十分整齐的草坪上，一只孔雀骄傲地走来走去。乌鸦嘎嘎地说："人们怎么能允许这么一只怪异的鸟在花园里闲逛呢？它骄傲的样子好像是一个大官，双脚那么丑陋，羽毛颜色也很难看，我是绝不会想长这个颜色的羽毛的。尾巴耷拉在屁股后面，让它看起来就像只狐狸。"说完，乌鸦等待着孔雀的回应。孔雀沉默了一会，有点悲哀地说："你说得不对，这些都是误会。你说我很傲慢，因为我昂着头走路。肩膀上的羽毛竖了起来，脖子看起来很修长。实际上我一点也不傲慢，我知道自己的缺点。我脚上的皮很厚，还有很多褶皱，一点都不美观，这一点也让我很烦恼，所以我仰着头，不去看自己的一双丑脚。你只注意到了我的缺点，却对我的优点视而不见，你没有意识到吗？你认为颜色很丑的羽毛和尾巴，正是人类赞叹我的地方。"

——波斯女诗人帕尔文·艾特萨米

玻璃心患者的职场挫折

52岁的商人K先生十分开朗，他穿着一身运动服，努力在诊所里营造一种轻松愉快的氛围。

▶ 第一次谈话

K先生很激动，他首先打开了话匣子："我觉得我不行了。失眠、头痛、胃痛、抑郁和停不下来的感觉快把我累垮了。四年前，我有一项工作内容是谈判，一起工作的同事却诽谤我和生意伙伴有不正当的关系。心力交瘁加上身体不适，我带病工作了四个星期。去了医院，医生又建议我休养了三个星期。就是从这时候开始，我的状态越来越不好。自从1958年以来，我的整个职业生涯中仅请过这两次假，但是这也变成了同事攻击我的理由，恶毒地对我围追堵截。"

心理治疗师："K先生，您很坦率地说明了自己的情况。通过您的叙述可以看出您是一个非常警觉、认真的人。您在努力地寻找解决问题的办法。您的抑郁说明您在面对这些问题的时候，会用一种深层次的情绪来回应。"

对于这一说法，K先生认为很有道理。

心理治疗师："您对现在的工作状况满意吗？您现在从事什么工作呢？"

K先生："我是一家中型企业的业务经理，主要负责市场工作。我热爱工作，非常投入，也有所成就，以前跟我的合伙人相处得也很愉快。后来股东换代，新股东之间发生了争执，其中一位退出了公司，留下来的那位与我摩擦不断。他在背后说我的坏话，撤回我下达的决定，还对其他的员工说，在公司里他说了算。他以无限期辞退要挟我，禁止我与其他股东说出此事。"

心理治疗师："在我看来，您认为自己遭受了不公正对待。那公平对您意味什么呢？"

K先生："我在公司干了这么多年，我原本期待他们能公平地对待我。他明明知道我在业务上非常熟练，一直任劳任怨。我真觉得他这样对我太不公平了。"

心理治疗师："在过去的15年中，您在健康、工作、家庭和社会生活方面都遇到了哪些事情吗？我们待会儿再说您刚才提到的问题。"

K先生略微思索了一下，说："现在的工作我已经干了六年了，半年前我就知道这位新股东不愿意延长我的合同。在工作中，我一直备受焦虑的困扰，这与工作本身无关，按现在的说法，是职场霸凌。刚才我已经向您描述过了由焦虑引起的病痛。

"1990年，我的父亲突然病逝，在公布遗嘱时我才知道，他在三个孩子中，唯独剥夺了我的继承权，但我并没做任何对不起他们的事。当我和母亲抱怨这事的时候，她非常生气，把我赶出了家门，至今也没有原谅我。幸运的是，我和兄弟姐妹们的关系并没有因此受到影响。在与前妻分居了三年之后，1990年，我们终于离婚了，从此我的女儿和我断了联系。1991年我再婚了，与现在的妻子非常恩爱，与她的两个女儿关系也不错，小女儿不久前还和我们住在一起，现在她因为上学搬出去住了。”

心理治疗师：“您考虑过自己的未来吗？”

K先生：“那当然，我还得工作几年才能退休呢。但是看样子，公司里的氛围会让我提前退休。被连累的不只是我，公司领导层的更换频率也是相当高。当时，我之所以同意接受这个职务，是因为一旦出现辞退或不延长职务合同的情况下，我原来的工作合同仍然有效，可是现在我真是受不了每天的工作气氛了。”

K先生又给心理治疗师说了一些他受到的不公正待遇的细节，心理治疗师则给他讲了《乌鸦与孔雀》的故事。

K先生：“您是想说，我只看到了同事身上的缺点吗？”他停了一下，继续说道，“有时我的妻子也认为我这样直接的性格，一定会得罪人，给自己惹上不必要的麻烦。”

心理治疗师请K先生下一次和妻子一起来。

▶ 治疗过程

我：“K夫人，您认为您丈夫身上比较突出的特点是什么？是诚实还是礼貌？”

K夫人：“我的丈夫非常直率，甚至过分诚实。我觉得，如果他不那么直接会好很多，矛盾的是，他对别人的直接又非常敏感，因此公司里的情况相当糟糕，所有人都很伤脑筋。”

我请他们两个人看一幅图，问道：“看到这张图你们会想到什么？”

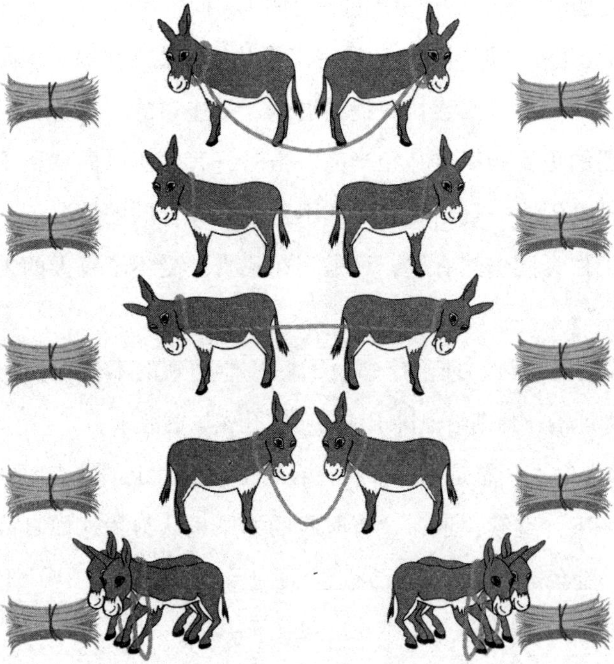

K女士指着那两头被绑在一起，却分别向两个方向使劲挣脱的驴，说：“我丈夫和他的同事就像它们一样。”

K先生沉默地仔细看着那幅画：“假如我主动向他的方向走，那怎么保证他也主动走向我呢？其实，这幅画可以用来形容任何一种人际关系。”

在第三次话疗时，他们告诉我，这幅画时常浮现在心头，让他们深思，提醒他们从新的角度注意与别人交往。

我建议他们组建一个家庭小组，并推荐他们读《商人与鹦鹉》中的故事。

K先生来第四次参加话疗时，脸上带着一副思考的表情。

我：“您读几个故事了？”

K先生：“我自己一个也没读，可我妻子给我读了下面这个故事。”

学者和赶骆驼的人

在一个穿越沙漠的商队中，有一位非常有学问的布道者。他带着70匹骆驼，每一匹骆驼身上都驮着沉重的箱子，里面装满了他写的书，其中包含了古往今来的智慧，但这一大堆书同这位布道者的大脑相比，也不过是九牛一毛了。

商队中有一个赶骆驼的人，他相信最后一个先知已经降临在这个世界了。有一天，布道者叫来了赶骆驼的人，说道：“你知道我在全世界都有很高的声望，那70匹骆驼背的只不过是我学问的九牛一毛。你只是一个普通的赶骆驼的，破衣烂衫，连简单的读书写字都不会，也没有正儿八经地上过学，更别说上大学了。就凭你，你怎么敢宣扬最后一个先知已经降临了呢？”

赶骆驼的人先鞠了一躬，恭敬地回答道：“高贵的先生，您不叫我，我自己是不敢站在您面前用我愚昧无知的话语打扰您。现在您既然问了我，那么就请允许我用一个不太恰当的例子来表达我的想法吧。先生，您拥有的知识，就像是大海里的珍珠。这些珍珠是如此的贵重，必须用丝巾小心翼翼地把它们包裹起来，保存在一个精美的箱子里。而我的知识就像沙漠里的这些普通石头。您想象一下，当日出东升，阳光洒向大地。先生，我想问您，到底是谁能吸收阳光并反射出太阳的光辉呢？是藏在宝箱里的珍珠，还是散落一地的石头呢？”

积极心理治疗对职场霸凌的认识

职场霸凌，即工作上的钩心斗角，可以理解为同事间或上下级间的冲突，目的是排斥被攻击的一方。

职场霸凌可能会出现这样几种方式：阻碍某人与他人的接触、剥夺某人从事某项工作的权利或分配给某人不太好的工作、污蔑某人的名誉、使用暴力甚至性骚扰。

最近的调查表明，职场霸凌不是偶然现象，霸凌可能出现于某一公司的各个层级之中，给受害人造成严重的精神伤害。受害人遭遇霸凌，短期内就会出现典型的焦虑症状，暴躁、精神困乏、焦虑不安的状态加剧。根据不同的个性，受害人会不同程度地感觉受到威胁、精神迫害和身体机能受损，甚至有自杀倾向。这些症状可能会逐渐发展成为慢性病，导致难以治愈的人格障碍症状。

据莱茵州技术监督协会提供的数据，在德国每年发生的大约12500例自杀案中，其中五分之一都源自工作上的霸凌和刁难。职场霸凌及其带来的后果每年造成的经济损失约为300亿马克[①]。据德国职工协会估算，全国范围内约有140万名员工都曾经在工作场所中遭遇过诬陷、恶意中伤和刁难。

职场霸凌也是人们常说的“内心辞职”的原因，其表现如下：只按完成规定的工作，绝不多做一点，工作成效一般或较差，与同事们的关系有隔阂、疏远，不关心顾客的沟通和索赔要求，经常缺勤，与人谈话时态度消极，有事不愿意告诉上级或同事，拒绝帮助同事代理工作、多次将工作和责任推卸给别人等。

如果这些情况频繁发生，我们就应该引起注意，及时采取合适的行动。人事部门的负责人应该知道，与缺乏工作积极性的员工沟通时，受害人往往选择私人原因作为消极工作的理由。

关键冲突：礼貌与诚实

对于受害人而言，职场霸凌中的关键冲突是公正、礼貌与

① 原德国货币单位。

诚实。礼貌与诚实是任意一种人际关系的基础。礼貌意味着承认人际关系的传统形式，为了照顾别人的需求和利益，而忽略自己，甚至出于社会关系的考虑压抑自己的抵触情绪。相反，诚实则意味着为了自己的需求和利益考虑，不惜有损他人的利益。为了弄清患者的内心冲突属于哪一种情况，心理治疗师询问了K先生对礼貌与诚实方面的看法和经验，并请他举出具体案例进行证实，这样就得出了三种典型的反应方式，它们基本对应三种反应类型。

礼貌型

此类型的人一方面出于对他人的体谅，不会直接表达出自己的观点："我可不能这样说。"另一方面他们又期待着别人能从他们的日常行为中猜出自己的想法："他们应该能想到的吧。"礼貌的背后是一次又一次希望的落空，久而久之，他们便开始逃避与他人来往，甚至出现心身疾病。

"他们应该想到我会对这些感兴趣，但他们只考虑自己。我没法和这种自私的人一起生活。"

诚实型

诚实型的人会坦率地讲出自己的观点，哪怕会因此伤害他的同伴："我对他说了我的想法，至于他能不能接受，这可不关我的事。"这类人为了自己的利益可以不择手段，通常被视为自私的人。周围人有时也会欣赏他的诚实，然而在更多的情况下，别人并不能理解他的言行，会觉得自己因为他的自私而受到了伤害。这种诚实的发展可能会导致执拗和负罪感。

“我绝不会把黑说成白，真就是真。”

反复无常型

这种类型的人在礼貌与诚实、抵触情绪与负罪感之间徘徊不定。“我太不给他面子了，我很后悔，但我不知道怎样才能弥补我的过错。”“我忍了这么长时间什么都没说，现在我再也忍不下去了，我要把对他的看法一股脑儿地全说了。”这种矛盾的态度也会表现在不同的现实能力上。“如果妻子回家太晚了，她一进门就会被我斥责，但现在我听说她有了外遇，却连一句指责的话也说不出来。”

在面对不同的人时，他们的表现也完全不同。“在他的上司面前，他只会唯唯诺诺，真该让别人看一看他在家里有多厉害呢。”

心理治疗师在谈话阶段的首要任务是确定患者属于哪种类型，同患者一起观察和描述其在礼貌或诚实方面的言行举止，根据场合的不同尽可能地注意到每个细节，这样可以增强患者的交际能力：学会接受与拒绝、索取与给予、感觉自己被人理解和接纳。此外，还应该注意语言的信息传递能力，找出人际交往时可能会出现的障碍，分析它们产生的原因和条件，挖掘障碍的行为纲领，尽可能地排除它们。

在职场霸凌中，这三种反应类型起着决定性的影响。部分现实能力受到影响，比如节俭、准时、秩序观念，尤其是公正也很重要。

行为发出者，即对别人进行职场霸凌的某个人或团队，与受害人一样都会过于强调公平。施霸者强调的是公平的主动性。他觉得自己有责任、有理由利用一切权利达到自己的目的，不惜消耗时间和精力，坦率、诚实、公开地表明自己的观点，至于接受者的心理活动则不在他们的考虑范围内。

接受者是一个被动型人物，面对不公平的事件、同事间的竞争和职位的权力之争，他们的反应过于敏感又不合时宜，渐渐让自己成为弱者的一方。即使自己受到了不公平的攻击，也无法直截了当地说出自己的感受，只会默默忍让，缺乏实现自身想法的能力。

也就是说，行为发出者的公平是主动、诚实和坦率的。在与人交往时，他缺少了礼貌、得体的行为方式和顾及别人感受的能力。接受者的公平则是被动的、礼貌的、缺乏勇气的。在面对不公平的突发事件时，他不能拿出恰当的直接表达自己内心想法的应对方法。

▶ 现实能力：坦率/诚实

定义与发展：坦率地表达自己的观点、需求和利益以及传递信息的能力。说实话与正直都属于诚实的范围内。在两性关系中诚实被视作忠诚，在社会交往中诚实则意味着坦率和真诚。孩子在刚学习说话的年纪还不能区分想象与现实的差别，如果成年人不懂孩子的逻辑，认为他说的是谎话而加以斥责，那么可能就已经埋下了教导孩子不诚实的种子。

提问：

- 您和伴侣中谁会直接地说出自己的想法？
- 您是否曾因为不诚实与您自己或伴侣发生过冲突？在什么场合？
- 如果曾经有人欺骗过您，您当时的反应是什么样的？您能回忆起当时的具体情况吗？
- 您是能够宽容地接受真相还是斤斤计较？
- 您会被迫说假话吗？
- 您是否常对别人谈论自己的事？

语言描述：想说什么说什么、直来直去、毫无保留地说出所有的事情、性情直爽、打碎了牙往肚里咽、隐瞒自己的观点、高声谩骂、闲言碎语、夸张、贬低、爱出风头、自私自利、人际间的冲突、出虚汗、高血压、头痛等。

您可以这样做：

您可以用合适的方法说出您认为对的事情，但应该讲究方式方法，不要伤害别人。别人现在可能因为您的坦率而不满，但以后会感激您的。诚实地与伴侣相处，或许不是难事，但在工作中做到诚实，就会困难很多。通常情况下，并不是所有生活领域中的诚实标准都是统一的。您可以回想并观察一下，在生活中，诚实地面对哪些现实能力、哪些场合和哪位对象，对您来说比较困难。

▶ 现实能力：礼貌

定义与发展：建立人际关系的能力。礼貌主要表现为言谈举止应符合社会的行为规范，顾及、尊重他人，谦虚有礼。礼貌意味着放弃自己的兴趣和需求，这是一种出于社会原因对抵触情绪的抑制。

养成礼貌的习惯以某种榜样（多以父母作为榜样）、已获得的成功（自己的行为方式）为根据十分重要。父母对孩子似乎不礼貌的行为的反应方式，会对孩子产生很大的影响。需要学习哪种形式的礼貌，在很大程度上取决于个人所属文化及社会阶层的标准。

提问：

- 你们当中谁更注重礼貌？更体贴和尊重他人？
- 如果伴侣没有表现出您所期待的礼貌和体贴，您会有什么样的感受？
- 您礼貌的表现形式会因场合的不同而变化吗？

- 您更注重礼貌还是更注重诚实？
- 您在意别人的看法吗？
- 您宁可忍气吞声也不愿意破坏彼此虚假的和平吗？
- 您的父母之中谁更注意行为？

语言描述：言行得体、注重礼仪、有家教、虚伪、模式化的礼貌、无法拒绝别人、自私自利、社交恐惧症、胆怯、缺乏表达自己想法的勇气。

您可以这样做：

礼貌会影响交往的形式。如果您想让某人帮您拿某样东西，用“劳驾，您能否……”比“喂，拿过来”要好得多。如果伴侣用您对他的方式来对待您，您会有什么想法？时刻注意自己做得不礼貌的地方，是很有好处的。

▶ 现实能力：公平

定义与发展：平衡自己及他人各个方面利益的能力。如果我们在处理问题时凭借自己个人好恶，偏袒某一方，而不是从事实角度出发，另一方就会觉得受到了不公平的对待。在社会上，这个现实能力就是社会的公正。公平感是与生俱来的。如果是多子女家庭，父母对孩子之间的公平程度会影响孩子未来对公平的理解和态度。

提问：

- 你们当中谁更注重公平？
- 在哪些场合中，谁对谁不公平？
- 您认为伴侣对自己、孩子、公婆、岳父母以及周围人公平吗？
- 如果您受到了不公平的对待，您会做何反应？
- 您是否曾经因不公平的事情而生气？
- 在您家里有谁特别受到偏爱吗？
- 您的父母中有谁特别注重公平，即使当着您或兄弟姐妹的面？

语言描述：办事十分妥当、名副其实、实事求是、难以接受、注重自由、毫无道理、感觉吃亏了、过分在意公平、怀疑、自作聪明、性格敏感、竞争、权力斗争、无力感、不公平、报复、个人和集体的抵触情绪、抑郁。

您可以这样做：

没有爱人之心的公平，看到的只是成就和攀比，没有公平的爱无法适应现实。您可以试着将两者结合为一体：公平加爱。给双方同样的待遇或不分清责任，让双方共同承担责任就意味着对其中一位不公平。

来访者—咨询师的反馈

▶ K先生

K太太说："《乌鸦与孔雀》的故事对我们的启发很大。我给我丈夫读了很多遍。在读的过程中我们意识到，我丈夫对公司有很多好的想法，只是他表达自己想法的态度过于直接，也可以说是粗暴，一点也不谦虚。这个故事帮助他认识到了这一点，并学着更加谦虚地说出自己的想法。"

K先生："您知道我的同事经常说我喜欢对别人指手画脚，像老板一样，但我不过和别人一样是个普通的职员而已。这话让我非常生气，可以说是怒火中烧。我现在意识到，我总是认为他们必须接受我的一切想法，好像我是最聪明的，但这是不对的。我也该经常想想那张画着两头驴的图片，试着改变以往与同事们相处的方式。我妻子说得很有道理，我确实缺少谦虚的态度和合作的精神。"

▶ 心理治疗师

K先生的整个治疗过程包括了17次谈话治疗。通过这些话疗，K先生进一步认识了他的冲突，并且学会了调整他的公平意识。我鼓励他把学到的东西运用到日常工作中，最好能积极主动地帮助其他同事，帮助他们与各自的伴侣共同训练和塑造良好人际关系的能力。我再一次意识到，像K先生这样的情况，将患者的伴侣加入到治疗中来，可以获得出人意料的效果。

如果我们为了避免冲突转移和反冲突转移现象的发生，或因为治疗者的不积极而错过这样的机会是非常可惜的。重要的是，心理治疗师本人能够正确地处理礼貌、诚实和公平这些现实能力，不偏袒任何一方。

通过深入分析礼貌、诚实及公平等现实能力，K先生认识到了自己的基本冲突情况，也可以描述出来，并尝试新的行为方式。这样可以越过纯认知分析，将感情的范畴引入治疗中，比如怎样面对自己及对方的抵触情绪等。

这对夫妻成立了一个伴侣小组，在小组中他们谈论各自在职业和家庭方面遇到的问题。K先生在公司里也成立了一个类似的小组，组员对待完成的工作和任务进行集体协商。双驴图在其中也发挥了一定的作用。

第十二章　我为家庭奉献了自己的人生

一位家庭主妇，生活失衡者寻找自我的焦虑

Das Geheimnis des Samenkorns

祸兮福所倚，福兮祸所伏

一个男人和同伴在山间赶路。天气非常寒冷，他们拼命加快脚步往前走，想找一个能遮风挡雨的地方，生火取暖。他们沿着狭窄的小路向山脊前进，山脊下面是一个山谷，绿色的草地上嵌着一洼清亮的湖水。

突然，他们发现山谷里躺着一个人。这么冷的天气，如果没人去救他，他可能会被冻死。男人对同伴说："我们去救他吧，他需要我们的帮助，否则他会死的。"同伴说："你怎么想的？像这种鬼天气我们得先考虑自己，看怎么能活着找到个住的地方。"男人回答说："如果你不愿意，那你就一个人走吧，我要去救他。"就这样，两个人分开了，一个人继续赶路，另一个则去救人了。

到了谷底，男人发现这个人是从山上摔下来的。因为天气原因，他已经非常虚弱了。男人背起受伤的人，转身向山上走去。因为背着一个人，男人累得汗流浃背、气喘吁吁，都感觉不到冷了。他费力地一步不停地走着。

走过一个拐弯，他发现了同伴的身影。男人心想，同伴到底还是在等着自己呢。于是他使劲地喊，可是没有人回答。走近一看，才发现同伴已经冻死了。他满怀感激地想起自己背着的人，正是因为背他，自己才会感觉不到寒冷。最终他们找到了一个可以休息的小茅屋。

奉献型人格的失衡人生

45岁的患者L女士是位家庭主妇，根据内科医生的建议，她来到了心理治疗所。她体形丰满，整个人看起来很谦逊，又有些不知所措。

▶ 第一次谈话

L女士：“我越来越频繁地陷入消极状态里了，什么事也不想干。我懒得打理家里的花草，任凭它们枯萎。家里乱得像个狗窝，要熨烫的衣服堆成了小山，等到实在看不下去了，再使出吃奶的劲儿收拾好。我觉得自己好像坐在一颗定时炸弹上面，焦虑、饮食紊乱和超重折磨着我。我也说不清楚，这些症状究竟是从什么时候开始的，但我觉得我的不适应该是我多年的烦恼和担心造成的。作为一名家庭主妇，我同外界很少接触，不管干什么都是自己一个人，我的父母和妹妹都住在遥远的北欧。”

心理治疗师：“我很佩服您能这么直接地描述自己的情况，一方面谈到了您的症状，另一方面又能站在职业和家庭的角度来看待这些症状。”

L女士：“我也是过了很久才能像现在这样开口说出自己的烦恼和焦虑的。”

心理治疗师：“您能说说您的家庭状况吗？”

L女士："我已经结婚了，有两个孩子，分别是14岁和16岁。我无法忍受和丈夫一起生活，已经分居5年了。我生活中最大的问题就是作为飞行员的丈夫没有固定的上班时间。刚结婚的时候，我没有经验，没有意识到这个问题的严重性。我的丈夫不断地向我和孩子们承诺，会花更多的时间陪伴我们，但这些都是空话。他一有时间就只忙自己的事情，我们几乎每天都会因此吵架。孩子们的教育、家务、人情往来和其他事情，完全落在我一个人的头上，好像所有的事情都和他无关。如果他不上班，就一直躺在床上不动。"

心理治疗师："您对您的婚姻生活有什么看法？"

L女士："我们之间总是没完没了地吵架。他只想睡觉，而我想干活、看书、讨论问题、运动、学外语、认识新朋友、旅行、听音乐会、看歌剧。我的丈夫只是在表面上和我的想法一致，在现实里却完全是另一回事儿。我们各自想象中的理想生活是完全不同的。我觉得他欺骗了我，他总是嘴上说得很好听，可是完全没有行动。现在我觉得他只是想建立一个家庭，因为他觉得面子很重要，或者我就是他的保护伞，让他不受一切外界事物的干扰。"

心理治疗师："对于这些问题，您都做了什么？"

L女士："嗯，一开始我犯了很多错，我总是原谅他。当时的我完全没有注意到，当别人有求于他或是指望不上他的时候，他们都会来找我。现在我认识到了，我为他做得太多了。15年前，我开始感觉身体不适，当时我的膝盖、肩膀、腹部和颈部都很疼，但是又找不出具体的原因。这些症状不定时地、时轻时重地出现。近两年，每天早上醒来，我的小腿肚和双脚都是肿的。这是身体上的问题，心理上的焦虑更折磨人。我有生活焦虑、冷漠和抑郁的问题。只要每天早上一想到这一天要做的事情，我就觉得很恐慌，像有一座大山挡在我的面前。只要发生了特殊的情况，或是知道有什么事情要发生，我的心理就会失衡，很明显，这与我的焦虑有关。”

心理治疗师：“您能具体说说这些特殊的情况吗？”

L女士：“比如说与孩子有关的问题，尤其是他们的学习问题，还有我和父母之间的矛盾。我的父亲十分注重秩序和公正，他从来都不赞同我的决定。他不准我邀请别人到家里来，对他来说，规矩非常重要。”

心理治疗师：“到目前为止，您的医生都做了些什么？”

L女士：“我已经做了所有能做的检查，医生认为我的压力太大了，药物或许有用，可这不是长久之计。”

心理治疗师：“之前您已经提到了这种焦虑的状态，现在的关键是，您能不能把发现焦虑因素当作任务，一步步地处理它。您是如何想象自己的未来的？”

L女士：“我觉得自己被骗了20年。如果我不能为生活找到新的意义，不能学会用新的眼光来看待现实，我就会变成一个整日愁眉苦脸、怨天尤人的老太婆。一想到这儿我就会非常害怕。

“三年前我去上大学了，我的家人并不赞成，因为我的任务本应该是照顾他们的生活。我觉得我这么多年来一直是这样做的。我不是一个顺从的人，也不会隐瞒自己的愿望和需求，可是家人总是视而不见，要么就用以后来敷衍我。但是，以后到底是什么时候呢？我永远也搞不清楚。现在我知道了，他们只是哄我，并不是真的想要兑现他们的承诺。”

▶ 治疗过程

在治疗的过程中，上面的寓言故事有两个作用。一方面向L女士展示了自己对家人的团结之情，另一方面她可以看到故事中的两个男人在面对是否救人这件事上的两种不同的态度。她意识到自己不能合理地分配感情和精力，无法把握该在何时、何地，对何人表现出同情和关爱。她曾经无条件地支持与服从丈夫，后来又因为对方太少满足她的需求而灰心和失望。在治疗过程中发现，虽然她总是勇于坦率地说出自己的需要和想法，但往往是在错误的场合和时机。

在她放弃了自己的工作后，她不能在家庭主妇的角色中找到认同感，焦虑的种子开始发芽。丈夫分给家庭的精力过少，她承担得过多，这种焦虑就变得越来越强烈。她一方面感到不堪重负，另一方面又因无所事事而空虚，形成了一种两难的局面：如果我出去工作必然会没有时间陪伴孩子和丈夫；如果我不工作，又找不到生活的意义。焦虑使她变得非常敏感，无处宣泄的怒气只能由孩子、丈夫和自己的身体承担，体重直线上升。

我和她一起分析了下面的现实能力：我应该如何分配自己的

时间？为什么我对丈夫没时间陪我而反应激烈？面对这种状况，怎样才能找出积极的方面？

如何分配时间会影响一系列的冲突领域。我建议她制作一个日程表，了解自己的时间分配，并能做出新的安排，比如作息时间表或一周时间安排表。通过学习四个生活领域，她认识到，之所以出现忧郁和疲劳的状态，不是精力不够或身体不适，而是因为分配精力的不均衡。

由于路途遥远，在进行八次话疗以后，经L女士及医疗保险公司的同意，另一位同事接替了治疗工作，以便L女士能更好地安排时间和生活的其他方面。

积极心理治疗对家庭妇女焦虑症状的认识

家庭主妇焦虑的原因有很多，包括社会孤立和家人的不尊重。现在的大多数的年轻主妇都受过良好的教育，也曾积极投身于工作。即使她们为了家庭自愿放弃了工作，但是当她们的生活仅仅局限在家里，她们还是会感到痛苦。尤其当伴侣拒绝给予同情和支持时，这种不满就会进一步加剧。很多情况下，平时有主见、组织能力相当强的家庭主妇也会变得偏激，从而使问题变得更加严重。

来访者—咨询师的反馈

▶ L女士

“我没有想到会谈时间的话题。我逐渐意识到，虽然我期待着别人给予我时间和关心，但由于我身体和心理的不适，无法均衡地分配自己的时间和精力，我也不能在同样的程度上给予别人时间和关心。就像老话说的那样，你怎么对别人，别人就怎么对你，只是之前我还没发现罢了。以前我一味地迁就家人，之后又走向了另一个极端，先是与丈夫分居，后来又去上大学，以这种方式将我自己放在了最重要的位置。

“我现在应该制作一个精力和时间的分配表，一步步地学习如何更好地安排日常生活。对我的孩子们来说，我不是一个好榜样。可我想，这一切会变好的。”

▶ 心理治疗师

在对现实冲突进行分析和认识之后，既定的目标得到了扩展。鼓励L女士更为合理地分配她的时间和精力是非常重要的一步。这样，她才接受在交往领域扩大自己的目标。这意味着重新建立社会交往，并把自己的兴趣转移到某个小组的活动上。

如果您也是一位奉献型家庭主妇，您可以这样做

我们不知道一个人到底有多少精力，有时我们会发现自己突然筋疲力尽，或者一下子又有了不知道从哪里来的力气。

绝大多数人都有足够的时间和精力，只要他们能有针对性地投入时间和精力，而不是漫无目的地浪费。时间分配表可以提供有效的帮助，提示您在以下领域中分别付出了多少时间和精力。

- 身体/感官：身体保养、饮食、运动、睡眠、性生活。
- 交往：与伴侣、亲戚和朋友交往的时间。
- 成就：工作、工作中的交际和进修的时间。
- 幻想/未来：思考未来、阅读世界观和宗教方面的书籍以及探索人生意义的时间。

我们不是没有精力，而是精力分配过于不均衡。

时间安排一般可以分为三种类型：以继发能力为基准型，几乎每一分钟都排满了工作和任务；幼稚—原始型，表现为大部分时间无所事事。对抑郁症患者而言，这些无所事事的时间代表着压抑的重负，包括各种义务、责任和不开心的事情。双重类型的人的时间安排要么过于集中，要么过于松弛。他们要么无事可做，要么就困在成堆的行程与任务当中。

记录每天的日程可以反映出时间和精力的实际分配情况，做到心中有数。目的是清楚自己一天或一个星期当中应该干什么，不再顺其自然或任由外来事物控制，而是自己制定任务，安排

时间。

可以定期替换日程表中不合适的项目。检查日程表的执行情况，也是一种自我完善。我们可以将自己想做的和目的与实际情况相比较，得出的反馈信息不仅能帮助我们完善计划，还能改进自身的行为方式。

第十三章 一谈恋爱就忧心忡忡

一个年轻的女孩，如何更好地谈恋爱

Das Geheimnis des Samenkorns

榜样的力量

从前，有一位父亲想保护自己的女儿，希望她能免遭人生的苦难。他告诉女儿世间的险恶：“亲爱的女儿，你一定要记住我说的话。所有男人想要的只有一件东西。男人们都很狡猾，他们到处布下陷阱，你根本不会发现自己是如何陷入他们设下的欲望陷阱的。让我来告诉你真相吧，一开始，男人会热烈地赞美你、追求你、爱慕你，然后他会邀请你去吃饭。当你们路过他家，他会对你说，他想进去拿上他的大衣，邀请你陪他一起进去。到了楼上，他会请你坐下喝一杯茶，和你听听音乐。等他觉得时机成熟了，就会扑到你的身上，这样你就被玷污了。我、你的母亲，还有我们的家族也蒙受了耻辱，名誉扫地了。”

女儿把父亲的话铭记在心。过了一段时间，她骄傲地笑着走到父亲面前：“爸爸，你是预言家吗？你怎么会知道事情的经过呢？一切都和你描述得一模一样。他先是称赞我的美丽，然后请我吃饭。像巧合一样，我们刚好路过他家，他恰好发现忘记带大衣。他美其名曰不想我一个人独自站在门口等他，就邀请我一起进去。他像个好客的主人，请我喝茶，还放了一段美妙的音乐。这时我想起了你的话，我很清楚接下来会发生什么了。当我觉得时机到了，我就先扑到他的身上，玷污了他、他的父母、他的家族和他的好名声。我不愧是你的女儿。”

恋爱脑情境中的亲密关系挫伤

M女士像一位运动员。她身材苗条，看起来精心打扮过，表情和行为十分生动、活泼又直率。她看起来聪明过人却又言辞犀利。

▶ 第一次谈话

M女士："一年前，在我和男友交往了近一年的时候，我突然'被分手'了。这次分手对我的打击很大，我受到了伤害，觉得自己像是生了一场大病。平时的我从来没有觉得不舒服，也几乎不生病。我们在同一家公司工作，在那之后的几个星期里我都是勉强自己去上班，直到我意识到必须重新找一份工作了。在这之前，我有过一段婚史，最后分开了。不过这已经是好几年前的事了。离婚时，我仿佛被人打断了脊梁骨。当然，这只是个比喻，两个星期以后我就恢复了精神。我希望和谐，人与人、人与自然和谐相处。"

心理治疗师："从您简短的叙述中可以看出，您虽然身体健康，感情上却因为两次分手而受到了创伤，您现在需要的是感情的依靠。您可以通过运动，暂时将冲突抛之脑后，缓解自己的难过和寂寞。"

M女士："确实如此，在我身体感觉良好的时候，就会暂时忘记烦恼，但我现在还是来到了您这儿。”

心理治疗师：“您是如何学习和男友相处的？谁是您的榜样？”

M女士：“我不知道谁是榜样。我心中的榜样是这样的，即有人做出了样子，别人愿意学习他的做法。但我的情况完全不是这样，我的父母因为爱情而结婚，这是肯定的。当时所有人都反对他们结婚，他们仍然轰轰烈烈地相爱并结婚了。可是他们两个人都属于火爆的性格，相互不肯妥协。经过多年的挣扎，他们在我13岁的时候离婚了。之后的四年我寄宿在一个修女办的学校里。现在我回想这一切，我没有什么榜样。实际上我从来没学过怎么和异性相处，也没有从家庭中得到过任何启发，其他方面也是如此。”

心理治疗师：“您的工作对您有何意义？”

M女士：“我的生活多姿多彩。我尝试过各种可能的职业。在生活的各个阶段，我都学到了很多东西。这一切像是一幅拼图，正好拼在一起。现在我没有特别想做的工作，至于我将来能做什么，家里从来没谈过这个话题。

“寄宿学校组织过一次简短的职业咨询活动，对方只是说我有艺术天赋。一开始我在餐厅打工，随后参加过几个关于资本投资的培训班，参与组织过大型博览会，也卖过保险。一个偶然的机会，我进入了一家以流行音乐为主的广播电台，我非常喜欢这份工作，因此干劲十足。不久之后我又跳槽去了一家电视台。两年以后，我又跑到一家较大的广播电台做编辑，在那工作了六年。后来我去埃及当了导游，有了足够的经验以后，我开办了一个旅行社，最终破产了，因为那个时候的埃及开始发生动乱，游客锐减。由于破产我欠了巨额的外债，生平第一次我需要非常多的钱，所以我又进入了房地产行业工作。”

心理治疗师：“您平时会想想您的未来是什么样的吗？”

M女士：“我现在的情况是这样的，我有了一份新的工作，着魔似的爱上了一个男同事。可我不想再把工作和生活混在一起了。我很害怕，不知道现在该怎么办。我担心这段感情又会无疾而终，因为我的感情来得快去得也快。我在日常生活中一向很自信，可一旦涉及恋爱和性，它就会荡然无存。我觉得我像一个正在做梦的天真的孩子，穿行于世界中。”

▶ 治疗过程

如何转移矛盾确实是中心话题。M女士的恋爱正如她热心体育运动一样轰轰烈烈，她完全不知道每一次分手都是需要自我反思的。

我和她一同讨论了爱情的两个维度：爱别人和如何被爱。在治疗过程中，我发现M女士经历过的恋爱远比刚开始谈到的多，所以请她将所有因为分手而受到的微小创伤及影响的现实能力总结起来。

M女士：“回想我经历的一切，我自己都吓了一跳。在过往的感情经历中，我从来没有仔细关注过男友的全部，我看到的总是某一个品质，而且往往都是缺点。如果觉得不满意，我就会选择离开。如果是对方提出分手，我会觉得很难受，因为我的自尊心受到了伤害。我没有意识到自己有时确实很令人讨厌。”

M女士对故事《榜样的力量》的反应十分积极。以这个故事为基础，我和她讨论了榜样的四种范畴和有关忠诚的话题。

积极心理治疗对亲密关系的认识

恋爱交友能力包括在合适的时机、出于合适的理由、找到合适的伴侣的能力，和在恋爱中找到爱与公平的平衡点、与朋友和睦相处的能力。宗教、社会标准及个人在父母身上观察到的榜样力量很大程度上会影响人们对交友的标准和对同居生活的设想。冲突的出现不是因为过于注重爱（对性欲的期待）或公平（性效率型），就是徘徊在两者之间（性减压型）。

▶ 性期待型

这类人的思想观念非常传统，对大众和宗教的标准有着强烈的认同感，甚至不会对此有任何质疑。即使他认为性生活很重要，他也会闭口不谈这个问题，而结婚后就按照习俗行事。对他来说，性交是为了完成传宗接代的任务，对待婚姻应该至死不渝。其紊乱表现为性交前的障碍焦虑或是随后产生的负罪感，另外性冷淡和阳痿问题也比较突出。

除了在性欲方面表现出典型的幼稚—原始态度外，还有一系列由别人的期待和想法所掌控的行为方式与态度。人们觉得到了一定的年龄就得结婚、就得生儿育女。父母经常在背后催促，希望自己的孩子们都有一门好的婚姻，希望能抱上孙子或外孙。爱成了一种用来回报的礼物，成为一种必须的义务，在某种程度上隐含了交换的价值。一些家庭由于家庭结构的原因，或某个家庭成员的中心地位及做法，十分注重成员间的感情维系，从而会使其成员感到自己对这个家庭是有义务的。原本结婚是为了脱离大家庭，结果婚姻却成为一种受别人操控的行为。

▶ 性效率型

成就原则也体现在性领域。性方面的经验成为衡量自我价值的标准，不管性生活的质量怎么样，谁在这方面经验丰富，谁就是有本事。他们爱的不是具有某些品质的人，而是某一种脱离了“人”这个主体的品质和特性。这类人一般都同传统的想法相反。对他们来说，伴侣只是被当作满足性欲的对象。曾有一句波斯谚语：不同的花有不同的味道。尽管这类人表面上显得十分潇洒，其实可能会出现性障碍，比如担心性交失败、不能维持稳定的恋爱关系、择偶草率以及身心上的疲惫不堪。除了抽象的成就标准，情人间的争风吃醋也可能是性欲的动机，尤其是当性能力被视为是自我价值的体现时，爱就变成了一种权力之争。对这种类型的人来说，爱必须排在其他的考虑之下。

▶ 性减压型

这种类型的人有双重道德观的标准。有两类人属于这种类型：一类人看起来沉默寡言，循规蹈矩，一旦他觉得自己不必受其他人的约束时，他们就会为所欲为。他们在外坚决遵守社会道德标准，同时又过着双重生活，幽会秘密情人或在幻想中发泄、满足性欲。另一类人在外装作很坦荡，与人交谈时无所不言，好像自己没什么可隐瞒的，什么事都可以说出来。尽管表现得很直爽，其实他们的内心常常因各种负罪感而感到困扰。实际上，他们并不能自由地体验、满足性欲的快感。

一般情况下，如果人们出现了性欲方面的障碍，根本不会想到以上说的这些，而是会把它归咎到工作和周围人的身上。典型的表现是缺乏决策能力或犹豫不决：

如果我完成了学业……

如果我有了一个稳定的工作……

如果我有更多的钱……

如果我已经有了房子，那我们再决定什么就容易多了……

即使这样的人结婚了，心里还是觉得单身更好，还会怀念已经失去的自由。除此之外，我们还观察到了一些奇怪的现象，比如两个人结婚之后发现一起生活得不愉快，就离婚了。离婚之后又发现他们分开很难受，最后变成了双方离婚不离家的状况。

若仔细观察被人称赞的恩爱夫妻，就会发现维系他们感情的不是爱而是同情。一方通常会有这样的想法：担心对方干傻事，认为没有自己对方会很寂寞，害怕别人不能公平地对待他，只有自己才能带给对方幸福等。结果是把自己当作礼物赠送给了对方，也就是说，婚姻不是两个人的爱情，而是一方在做慈善。

来访者—咨询师反馈

▶ M女士

“一个完全不了解内情的人间接地让我明白了，我现在选择了一条正确的道路。您说过的，‘在正确的时间，因为恰当的理由，会找到自己的另一半’，给我留下了深刻的印象。我相信总有一天我会遇上这个人，我会找到真正爱我的人，他不会想要改变我，而是爱我这个人，就爱我现在的样子。我感觉自己有了力量可以去寻找幸福。我明白，也承认，每个人都是独一无二的，如果他自己不愿意，谁也不能改变他。

“在与别人的交往中，我也不再像从前那样是个‘慈善机构’了。我努力搞清楚自己想要什么，该在什么地方努力，可以在什么地方贡献自己的力量。

“将爱与公正范畴内三种形式的交友能力与忠诚的主题结合起来，对我的影响很大，在感情上的触动也很深。我觉得虽然缺乏榜样，但现在已经有了一个明确的行动方向。”

▶ 心理治疗师

从很多方面看，亲密关系是一个互相学习的阶段，人们既能从中学习，又能教授知识给别人。比如人们学着如何认识陌生人，了解并正视不同的标准和价值观，既学着如何与他人建立亲密关系，也学着如何放手。M女士的问题在于她总是主动或被动地中断这一学习过程，所以我们在治疗中也分析了忠诚方面的问题。

一个人对忠诚的认识很大程度上取决于他从父母、周围人以及文化和宗教方面所积累的经验。不同地方的人们对忠诚的评价大有不同，比如西方将忠诚视为对人们个性的压抑，是追求快乐道路的障碍。要求忠诚的人都是迂腐的，忠诚意味着主动减少机会。东方则非常看重忠诚，尤其是女性的忠诚。反对婚前性行为就很能体现这一点。从前，同居或是分手完全由男方说了算，这样就导致女性必须依赖男性去生活。现在，受过高等教育的女性觉醒了，她们反对这一传统。男性必须接受这样的事实：在过去曾被容忍的婚外遇，如今会被谴责，而女性由于经济独立和地位的提高，可以更加容易地提出离婚的要求。

在亲密关系中遭遇背叛时，您可以这样做

借助下列问题，您可以在更广泛的背景下看待忠诚的问题：

1. 在对方有外遇时，我认为："一次没什么。"

2. 不能让一方知道另一方与别人的关系，爱上别人不是什么不道德的事。如果我爱上了另一个人，我也愿意同这个人发生关系。

3. 如果我哪天下班回家晚了，对方马上就会猜疑我是和别人在一起。

4. 如果伴侣与另一个人暧昧，我会十分不安。

5. 如果我晚上老得等我的另一半，我就会想象对方出轨了。

6. 如果我知道伴侣对我不忠诚，我不会再和对方生活在一起。

7. 想到伴侣可能与别人发生性关系，我就会不高兴，感到不舒服。

8. 我有时也需要与其他人有性接触。

9. 我认为爱必须忠诚，我要求伴侣也这样想。

10. 我一想到伴侣另有新欢，我就觉得没有了生活的意义。

（忠诚与人生意义）

11．伴侣喜欢清静，因此我常常有分手的想法，并想象同另一个人共同生活。（忠诚与交往）

12．伴侣十分小气，因此我常常有分手的想法，并想象同另一个人共同生活。（忠诚与节俭）

13．伴侣不懂礼貌，因此我常常有分手的想法，并想象同另一个人共同生活。（忠诚与礼貌）

14．伴侣过于较真，甚至可以说是死板，因此我常常有分手的想法，并想象同另一个人共同生活。（忠诚与秩序）

15．我认为忠诚是一种重要的品质，忠诚是对个人无限度自由的限制。我信奉的宗教或世界观也十分注重忠诚的问题。

16．我认为伴侣不管是否结婚，都应该遵守忠诚的原则。

17．我常常跳槽。

18．对我来说，与固定的一个伴侣相比，我更喜欢同时有多个不同的伴侣。

19．不管伴侣怎么样，我都站在他/她的一边。

20．如果我做出决定，我绝不后悔。

21．就算我的父母和周围人都不看好我的伴侣，我也不会放弃。

22．我的父母离婚了。

23．在我小时候，我就知道我的父母常常因为不忠而争吵。

24．我的父母不太看重忠诚。

25．对我父母而言，忠诚最重要。

第十四章　分离是人生必经的阶段

一个永远担心孩子的妈妈，
空巢综合征的分离焦虑

Das Geheimnis
des
Samenkorns

种子的奥秘

一粒种子发芽了，幼芽长成了大树。从表面上看，种子消失了，可实际上它仍然活在树的身体里，活在树的枝芽、花骨朵和果实里。如果没有牺牲的种子，哪里会有参天的大树呢？

——改编自巴哈伊教长阿博都-巴哈的箴言

被抛弃情境下的空巢妈妈

54岁的N女士身材修长匀称，她在妇科医生的推荐下来到了我这儿。她戴着一副硕大的太阳镜，一身黑衣黑裤，1.85米的身高使她微微驼背，指甲染成了暗黑色，脖子上戴着一条漂亮的项链，齐肩头发在脑后梳成了马尾。

▶ 第一次谈话

N女士："我患有严重的痤疮，医生们认为这是心理原因引起的。近几年，我的小毛病层出不穷，但是都找不出真正的原因。有些是过敏反应，非常规律地只出现在每年圣诞节或元旦。一堆麻烦事儿围着我，我无法脱身。"

心理治疗师："我们首先要确定，您到底对什么过敏。在您刚才提到的那些时间点，比如在节日期间，您的负担特别重吗？是因为客人很多，需要做很多准备工作吗？"

N女士："那倒不是。可能是因为我的儿子在三年前结婚后就和儿媳一起移民去了新西兰，到了世界的另一边。我非常伤心，要是他能像别人家的孩子那样时不时回家，或者我们能时常过去看看他们，该有多好呀。"

心理治疗师："您去新西兰看过他们吗？"

N女士："我们已经去过两次了，我和丈夫都很喜欢那儿。

我们看到了许多难忘的新鲜事物，我们也能理解儿子为什么喜欢上了新西兰。可只要我回到了家里，我还是很伤心。我问自己，为什么唯一的儿子非要离我那么远……”

心理治疗师给N女士讲了故事《种子的奥秘》，她听后沉默着思考了很久。

N女士：“也许您是对的。确实，没有我和丈夫就没有我儿子，生活里的牺牲是不可避免的。我希望能再次感受到生活中的快乐。我试图将注意力转到工作上。刚开始上班的时候我整个人的精神状态有了好转，但后来换了一个新的领导，他处处为难我和同事们。我无法忍受继续这样工作，于是我辞了职，毕竟我不缺钱。我本来是想开始新的生活，既能充实自己，也能让我忘记与儿子分离的事实。”

心理治疗师：“您对您的儿媳有什么看法？”

N女士：“我的儿媳是个亚洲姑娘，我从一开始就非常喜欢她。我们去新西兰探望他们时，相处得非常好。只是在最近的一次，在我们回国之前，我和她吵了一架。现在想想真是可怕，在机场儿子还教训了我一顿。当时我什么都不想听，只想快点离开那儿，受够了他们的大道理。回到家里我欲哭无泪，特别是当别人问起旅行的情况，我就更受不了了。所有人都称赞我们拍的照片和录像，现在看来是我对儿媳太敏感了。”

心理治疗师：“现在请您再想想我给您讲的故事。”

N女士：“我和丈夫曾经因为我们培养出的树、结出的枝条和花朵而快乐，现在也到了我们享受果实的时候了。”

▶ 治疗过程

N女士在第二次治疗时告诉我，她思考了许多。她在脑子里把曾经发生的一切，包括整个旅行又仔细地回忆了一遍。有一天，她从梦中哭醒，在梦里她拥抱了儿子和儿媳，和他们和解了。过去的她只注重公平，现在她已经能从另一个相对积极的角度来看待一切。她的内心深处希望和平相处的愿望，对梦中拥抱的回忆，种子故事的启发，这一切让她坐下来写了一封长信，第二天她觉得自己如释重负。N女士把她那封五页长的信复印了一份给我看。

积极心理治疗对空巢综合征的认识

空巢现象指的是当成年子女离开父母家时，父母必须面对的一个阶段。父母与子女的关系发生了改变，他们都明白彼此已经不再那么亲近。许多父母在这个阶段会因为分离而十分痛苦，往往到了晚年这种感觉仍然记忆犹新，甚至根本无法从内心抹去。

对女性而言，如果她们把自己主要定位在母亲的角色上，那么这个局面可能会导致她们的生活危机。她们必须调整自己的角色，可一般情况下并没有其他的选择。于是她们会疑惑、愤怒、恐慌甚至反抗。丈夫对其进行的安抚和鼓励，有时却会起到相反的作用，尤其是丈夫只想让妻子还像从前一样按部就班地生活。在这种时候，如果丈夫能够帮助妻子灵活处理家庭中的角色和任务的分配，就能为妻子度过这一危机阶段提供很大的帮助。

来访者—咨询师的反馈

▶ N女士

“通过治疗我意识到，是我自己不放过自己。我的偏见让我没有感受到旅行的快乐、忽略了在陌生国度获得的难忘回忆、忘记了与儿媳一家的友好相处，他们都是非常友善可爱的人。我心里不能接受分离的事实，就只能看到我自己的损失，不愿意承认我也得到了很多。当然，与儿子相隔千里确实让人很难接受，但我现在已经平静多了。

“写下近五年里发生的事，把一直压抑在心里的，关于分离与失望的感受倾诉出来，这对我来说非常治愈。丈夫说我从来没有写过这么多的东西。

“我知道了为什么我在面对分离时的情绪总是十分激烈。小时候，我患有哮喘和过敏，常被单独送去疗养院。在那儿我很孤独，尤其在圣诞和元旦期间都不能回家的时候。后来父母离婚了，这让我更加害怕孤独和分别，所以我总是想和家人们一起生活。另外，我也很难接受儿子加入了另一个宗教。现在我开始了解这个宗教了，把它同我信仰的宗教进行对比，我认识到所有的宗教都有共同的地方。我也思考了有关分别和死亡的问题，我看到了这些生活领域与以往不同的意义。”

▶ 心理治疗师

通过在治疗过程中对各个方面积极的探讨和分析，让N女士第一次真正接受了分别。这一良好开端通过其他文化中的例子得到了发展和延伸。在治疗期间，她一再谈起了《种子的故事》。她丈夫在最近三年里也因为妻子的无助情绪和身体病痛而饱受折磨。她的丈夫患有高血压，因为它与人们的身体是相互影响的，因此他也接受了我的治疗。

当孩子开始了大学生活，您可以这样做

一旦孩子离开家，夫妻关系的重要性就会再次凸显。请您想想您和伴侣的关系处于哪个阶段，各自有什么需求。下面的问题

能帮助您了解你们之间感情的亲密程度。

1. 伴侣总是想要和我在一起吗？他/她是否需要我的关注？

2. 我的面部表情是否友好？是面带微笑还是过于严肃？我的眼睛表达出的是关心还是冷漠？我是关注还是忽视伴侣？

3. 我的行为让人觉得亲切还是高冷？我的表情是开朗还是拘谨？我的身体语言是热情还是冷淡？

4. 我给人的印象是开朗、快乐还是悲伤？我让别人感到轻松自如，还是觉得我怀有敌意、嘲弄、怀疑、自命不凡或垂头丧气？

5. 我的穿衣风格是年轻化还是显老？我给别人的印象是乐观、现实还是悲伤？

6. 我走路的姿势是昂首挺胸还是佝偻着？当我走向伴侣的时候，是快跑还是慢走，是昂着头还是低着头？

7. 我的坐姿传递的是大方还是拘谨的信号？

8. 我怎样把手伸向对方，是只伸一根手指吗？我的手给人什么感觉？比如潮湿、干燥、温暖、冰冷、有力量感或无力等。

9. 我如何表达亲昵，接吻、拥抱还是抚摸？这些亲昵的方式，在不同的文化中有什么不同？

10. 您可以自问，也可以问伴侣，您给他/她留下了什么样的印象？

人际交往不只是感情上的联系，伴侣每隔一段时间也需要互相交流彼此的情况，下面的问题可以帮助我们认识到各个阶段的不同。

1．伴侣需要外界信息吗？需要我的建议吗？对方做决定时会征求我的意见吗？

2．我听别人讲话时，是认真倾听还是不耐烦？如果伴侣需要我，我会为他/她说话吗？

3．我只会批评别人吗？会表扬别人吗？

4．我在与人争论时是坦率、实事求是，还是情绪激动？心平气静还是大喊大叫？客观还是主观？我会主动与伴侣交流，还是等着他/她问我？

5．我是就事论事还是避重就轻？

6．与别人发生冲突时，我是直截了当地说出自己的观点，还是一言不发？是火上浇油还是置之不理？我的观点中包含着镇定、焦虑还是抵触情绪？

7．我能否接受并采纳其他人的不同意见？我是耐心地听完别人说话还是会打断别人？

8．我经常说“请”和“谢谢”吗？

告别也很重要。我们如何告别，在告别时有哪些温情的表示，有多么期待着再一次见面，在分别期间各自又有怎样的经历，这一切对双方的感情质量具有关键性意义。我们可以探讨以下问题：

1．伴侣做决定时，他/她是否需要我的帮助？我的建议是否限制了他/她的个人自由？

2．伴侣是否要求独立？我是否希望伴侣独立？

3．我是否不想再替伴侣承担责任？我是否同意让伴侣自己安排自己的事情？

4．告别时的接吻和拥抱对我意味着什么？

5．我如何再次与伴侣取得联系？比如打电话、发消息、见面等。在分别期间我会主动与伴侣联系吗？

6．我想象中的重逢是什么样的？我会把感情藏在心里，还是向别人倾诉？

7．我有多记仇？我如何看待自己的负罪感？

8．我如何看待自己的思念之情？

9．我们分开的原因是什么？我从中学到了什么？

10．我如何为下一段关系做准备？

第十五章 摆脱感情陷阱

一位女雇员，总是遭遇渣男是我的错吗？

Das Geheimnis des Samenkorns

奶牛和水槽

有个农民想给他的奶牛换一个新的陶土做成的水槽，为此他攒了很久的钱。经过精挑细选，他选中了一个形状像木桶的水槽。

有一天，奶牛的一对牛角卡在了槽口，整个牛头扎在桶里出不来了。农民费尽全身力气也没能把牛从水槽里拉出来。他非常绝望，觉得自己很不幸，甚至想要请求万能的神来帮助他。他不知道自己该怎么办，是把价值不菲的水槽砸破，还是把牛宰了？

他想了又想，终于下定了决心。他拿起一把斧子砍下了牛头。他想着最起码要把水槽留下。但是，牛头还是卡在水槽里拿不出来。万分绝望之际，他只能砸了那个珍贵的水槽。当他望着自己脚边的一堆碎片和奶牛的尸体时，痛心地意识到，自己同时失去了奶牛和水槽。

施舍型人格的亲密关系困境

33岁的O女士由精神病医生推荐来到了我的诊所接受治疗。她的衣着非常正式，给人十分精致的感觉。只是她手上的小动作很多，带有明显的不安。她的举止非常客气，努力强装自信。

▶ 第一次谈话

O女士："我觉得我的工作效率与半年前相比下降了很多，经常心不在焉，心情很不好。我的肠胃十分敏感，常常消化不良、胀气、痉挛、便秘，还有真菌感染，我的脸上、上臂和后背经常会长很大的疙瘩。有时我觉得自己讲话很啰唆，别人根本不能理解我说的意思。虽然我吃得多睡得多，可还是觉得累。"

心理治疗师："您工作的时候心情怎么样？工作能给您带来快乐吗？"

O女士："我很喜欢我的工作，我觉得问题应该不在这儿。其实自从我回到德国，还没在哪个公司工作超过两年的，直到现在我好像才渐渐想要稳定下来。我在以色列生活了很多年，回国之前曾在一家公司待了六年。"

心理治疗师："您的人际交往情况如何？"

O女士："回到德国以后，我完全不能适应德国人的性格，也很难与别人建立亲密关系，我觉得我老是碰到'渣男'。"

心理治疗师：“您能说得具体一点吗？”

O女士：“我的初恋是在以色列认识的，他的个性非常对我的胃口，也正是因为和他分手我才会回到德国。后来我认识了一个已婚的男人，那时他正焦头烂额，我想帮助他渡过难关。最近的一个男友与前妻离婚之后，法院把孩子判给了他，所以他必须一个人照顾孩子，我觉得孩子很可怜。”

心理治疗师：“请您思考一下您交友的动机，想想问题可能会出现在哪里。”

O女士：“我不太明白您的意思，我当然想过，为什么这几次恋爱都失败了。可能是我这个人太容易让步了，不会坚持自己的权利。”

心理治疗师：“第一次恋爱时您看上的是那名男子身上的异国情调，第二次是您想帮助对方，第三次是您可怜孩子。”

▶ 治疗过程

O女士听到她的病情用积极的方式解释后，瞪大了眼睛，若有所思。她的病情可以说是由心理负担引起的，造成负担的各种因素则源于她的家庭状况。

她的父亲非常宠爱她，但父亲面对情感要求时总是不知所措，不知道如何回应，这让她对自己的感受和需求极度缺乏自信。小时候她觉得自己与兄弟姐妹们相比，父母更容易忽视她。所以，她才在父母特别关注的方面努力，试图获得认可，比如礼貌、谦虚、节俭、秩序和可靠。她很少与家人以外的人来往。另外，她还是一位虔诚的天主教徒。

因为她想把命运掌握在自己手里，所以她决定去另一个国家生活，这也是她一次次关系破裂和换工作的原因。她的自我价值感建立在工作的成就上，并且希望得到别人的认可。她经历的多次分离是她保护自己免受失望和拒绝的方法。

她一方面想按照自己较高的标准生活，另一方面却又强烈地希望被爱。即使面对小小的失败，她也会做出强烈的反应，并试图通过在成就领域达到更高的完美来加以补偿。她过高估计了男友的需求，觉得自己无法满足，于是她对外表现得非常温柔、体贴和平易近人，另一方面却又由于过分强调独立和伪装出的自信不能维持长期的关系。在她身上，礼貌和诚实之间产生了冲突。

《奶牛和水槽》这个故事让她明白了现在的处境就像是一个“感情陷阱”。她虽然目前还无法处理好感情上的问题，但可以学习处理感情问题所需要的能力。

积极心理治疗对感情陷阱的认识

在一段感情中，礼貌作为爱的表示，诚实则代表公平，二者若能相辅相成，不仅情感双方能够相亲相爱，还能以恰当的方式来处理冲突。如果二者相抵触，那么无论礼貌还是诚实都可能成为感情中的陷阱。双方要么相互迁就，让他们的关系具有一种施舍的特性，要么由于过分强调公平和坦诚，导致这段感情不能长久，甚至不会开始。

“爱人如同爱己”，它给人提出一个很高的道德要求。人们往往过于强调爱人，而忘记了爱自己。在一段感情中，我们常常能观察到，有些人出于礼貌否认自己的愿望和要求，却在内心深处对对方怀有需求和期待。这样的话，他们的周围人很容易陷入陷阱之中，因为周围人必须自己揣摩他们想要的愿望是什么。

仔细观察一下，就会发现这种施舍类型的人的行为非常矛盾：他们对周围人，比如伴侣和家人，给予关爱和体贴，实际上他们也想得到这种关爱。一旦自己的愿望得不到满足，这种给予对方的关爱就可能被理解为是掩盖自己求助的信号。这位无助的好人，苦于自己牺牲一切，却得不到所希望的感情上的回应，但他们自己却不承认。

也就是说，这种施舍类型的人就像一块只为别人充电，自己却得不到充电的电池，与另一块本身容量小、却能不断充电的电池相比，这种电池消耗得更快。

如果在一段感情中公平主宰着一切，就会出现很多冲突，比如批评对方。在极端情况下，可能会导致友情破裂或分手。我们干脆不想再搭理对方了，因为他们不能满足我的期待。

如果在一段关系中爱占主导地位，会产生相反的效果。冲突隐藏在耐心和礼貌之中，通常不会表现出来。但是如果冲突不能得到及时地处理和缓解，有时会突然爆发。这种类型的人通常会把事情都藏在心里，对伴侣言听计从，可说不定什么时候，一件鸡毛蒜皮的事就能引发一场意想不到的暴风骤雨，比如妻子在丈夫忘记了结婚纪念日后，选择离家出走。

与人相处建立在公平和爱的基础上，如果过分关注其中一个，而忽略另一个的话，就可能会导致心灵和社会冲突。

伴侣关系中的权威和让步

在与父母和孩子的相处过程中，已确定的权威关系是否合理？又是根据什么样的标准判断其合理性？这些问题与我们如何应对它同样重要。

除了无条件地服从或是与权威做对抗外，根据权力危机的强烈程度和种类的不同，可能会引发其他的反应，问题在于服从与反抗两个极端中哪一个更为突出。

我们看到的只是结果，即其中一方做出让步和妥协、而另一方固执和反叛，这其实是激烈冲突或存在已久的冲突的反映，在伴侣关系中亦是如此。由此，妥协与坚持、礼貌与诚实、爱与公平、依附感和脱离、原发能力和继发能力之间的平衡被打破，从而导致四种反应方式：

1. “我想做什么就做什么。”这种情况下起主要作用的是坚持自我、坦率、公平和情感上的摆脱倾向。（冲突激化）

2. “我的男朋友/女朋友让我干什么我就干什么。”此处主要体现的是妥协、让步、礼貌、爱和感情上的依附。（避免冲突）

3. “我既不做自己想做的事，也不听我的男朋友/女朋友的，而是做其他别的事。”此处体现的是对冲突的转移。（冲突转移）

4. “对于我来说每次危机都是一次机会。”这样的人总是努力随机应变，琢磨伴侣的愿望和隐藏的含义，明确表达自己的观点，必要时也能做出让步，并鼓励对方共同商量，找到新的解决冲突的办法。（处理冲突）

向伴侣提出公平原则的要求是正确的做法，对方甚至期待我们这样做，但如果在相处中出现了问题，重要的是要把能力方面的缺陷与伴侣本身区分开。

这个目标是可以实现的，只要我们能说：“我接受的是你本来的样子，就算你在这个方面犯了错误，但我知道你会从错误中吸取教训，我也一样。”

来访者—咨询者的反馈

▶ O女士

“我开始喜欢自己了，以前我从来没有早上起来照镜子的时候对自己说：你真是太棒了。我开始留意自己身体发出的信号，也开始爱惜它。来月经时我不会再去健身房，而是选择在沙发上休息。在我对自己的性需求有了明确的认识后，我学会了用语言表达出来。

“过去三个月发生的事情让我不得不认真思考，我认识到我在工作上其实不必如此投入。以前兢兢业业地工作是想让别人注意到我的存在，其实有时候只要我在办公室里坐着就够了。有时候做得少，其实更好，这也是我目前在工作中的口号。我只要付出20%的努力，大家就已经十分满意了。我如果再积极一点，他们就会害怕、戒备，在我背后搞小动作。焦虑包含的内容非常广泛，别人对我的焦虑、我对新来的上司的焦虑、我对向别人提出要求的焦虑，还有我的生存焦虑。此外还有嫉妒，我嫉妒那些虽然能力差，但能得到更多好处的人。

“以前我甚至不知道自己的焦虑和嫉妒，现在我至少知道了什么时候会害怕，什么时候会嫉妒，又为什么会这样。

“我学会了冷静，尽管在最近几个月里发生了那么多的伤心事，我却越来越能坦然面对，一笑了之。”

▶ 心理治疗师

亲密关系中的施舍、仁慈就其本身而言不一定是坏事，助人为乐是每一个人身上都有的一种重要的社会能力。它让我们通过角色扮演体验到自己没有勇气公开表达所需要的亲近。下列问题有助于我们变得更加坦诚：

1. 您的行为对您有什么好处？对伴侣意味着什么？

2. 您的伴侣是如何表达自己需要帮助的？

他/她真的希望得到帮助吗？

他/她具体想要什么样的帮助？

他/她接受过什么样的帮助？

他/她能自己做些什么？

3. 哪些事情由两个人来做可能更好？

4. 您能改变哪些已经发生过的事情？

5. 这是否是命中注定，您必须承担一些事情？

6. 哪些现实能力在这段关系中还相对稳定？

哪些现实能力已经受到冲突的影响？如忠诚、节俭、秩序、准时、公平和时间等。

7. 如果您和伴侣之间不存在这些问题，您又该如何与对方、与自己相处？

这些问题可以帮助我们承认和认清自己的需求，对伴侣的实际需求也会更加敏感。遇到问题时不再选择独自硬撑，而是利用周围各种可能的帮助以及与伴侣合作。

理想的伴侣关系

除了基本能力之外，每一个人生来就有与别人交往的能力。建立伴侣关系的第一步是下定决心与另一个人一起生活。在做出决定的时候，需要考虑的不仅是我和伴侣的愿望，还有周围社会的期待以及各自的价值观。

▶ 自我

和一个人建立并维系一种伴侣关系和学习爱人以及被爱的能力是随着一个人的成长逐渐形成、发展起来的，且基于个人的特定能力和过往的人际交往经验。从中他们知道了自己该对伴侣抱有什么样的期待，该投入多少信任，为了不影响自己的稳定生活，自己在什么时候必须摆脱对伴侣的感情以及对对方的体谅应该有多少。

▶ 你

共同生活包含了许多日常的细节和小事，同时双方各自的愿望和需求也很重要。从社会生活的角度来看，人们对生理、性欲及社会愿望的满足有相当大的一部分都是靠伴侣关系来实现的。在亲密关系中，伴侣双方需要尽可能互相般配，也就是说，发展一种类似于锁和钥匙的关系。锁是对伴侣怀有的期待，钥匙则是他们的态度和行为方式。这是一种特殊形式的关系，内容包括各种现实能力，如忠诚、公平、礼貌、诚实、秩序、清洁、节俭、成就、时间、耐心、交往和信任等。

一方的期待与另一方的行为举止如何互相适应的方式，决定着我们对对方的满意程度以及伴侣关系的稳定程度。

▶ 我们

除了信仰和世界观的价值体系外，各种约定俗成的规则也同样会影响人们的亲密关系。这些规则不言而喻地决定着人们相处的态度和行为：谁可以做我的人生伴侣；伴侣必须是哪国人；在选择伴侣时，有无所属种族、社会阶层及财产状况方面的限制。很少有人会对此提出质疑。不同的社会文化背景决定着人们在择偶时应遵循的规则和习俗，也决定了一种婚姻关系能否得到所属社会或阶层的认可。

▶ 原始我们

个人的生活经历、当时的社会文化状况以及每个人不同的积极因素和消极因素都决定着对伴侣的选择。这种影响的程度和方式可能不同。无论我们生活在工业社会还是农业社会，在社会主义还是资本主义的体制当中；无论我们是哪国人；无论我们是哪个教会的教徒，这些都会对我们产生或多或少的影响。

无论是谁，一段关系中自由的程度和可供选择的形式，均受到习俗规范、礼仪标准、信仰、世界观、人生哲学与宗教信条和宗教禁忌的约束。这些规则和价值体系作用于人际相处的现实之中，不受个人存在方式的影响。尽管当今社会发展日趋多元化和相对化，它们仍然无所不在，无法回避。

O女士参加心理治疗已有6个月了。在这期间她对自己、对伴侣关系、对父母和周围人都有了新的积极认识。她正努力试着开始新的生活，找到新的价值观。

如果你也总是遭遇渣男，您可以这样做

请您思考一下关于伴侣关系和性的问题，或许您会得到一些O女士类似的启发。

1. 您是否有“未达目的”“偏离目标”“虎头蛇尾”“束手无策”等感觉？就您的症状，您还能想起其他描述方式吗？您怎么理解这些说法？

2. 是什么让您恍然大悟？您当时有什么感觉？

3. 您是否从小就缺乏性冲动和性欲？或者并不强烈？还是在后来逐渐失去的？这是什么时候的事？什么原因造成的？

4. 对您而言，性和爱有区别吗？

5. 在一段关系中，您是否非常看重身体功能与特征？如身材、高矮、肤色、气味等。当您的伴侣身体功能和特征发生改变时，比如年龄的变化，您会有什么感觉？

6. 对您和伴侣而言，对方是否可替代呢？

7. 即使没有性，您和伴侣也能互相亲昵和爱抚吗？

8. 您是否采用间歇训练和放松？还是采用其他的方式？

9. 您是否定期服用医生开的药物？您知道这些药物有何作用？有什么效果？它们可能有哪些副作用吗？

10. 您的工作对您的性方面有何影响？

11. 您是否尽可能避免工作中的冲突？哪些现实能力是诱发冲突的原因？

12. 您是否认为性冲动是展示个人能力所必需的？比如达到一定次数的性高潮？

13. 伴侣能否满足您的需求？

14. 伴侣能否用恰当的方式表达出问题和愿望？伴侣是讲道理、大吵大闹、耐心倾听还是回避问题？您觉得伴侣接受了您吗？

15. 如果伴侣另有新欢，您是宽容、欢迎，还是愤怒？

16. 如果伴侣与别人暧昧，您有什么感觉？

17. 如果伴侣有外遇，您会有什么想法？不管是确有其事还是凭空猜想。你们会直截了当地谈论此事吗？

18. 如果您不喜欢做某事，您会直接拒绝吗？

19．在您的婚姻矛盾中，父母、亲戚（您自己的或您伴侣的）以及子女是否起了作用？

20．在一段关系中，伴侣的品质和能力（现实能力）是否重要？

21．您如何看待下列说法：

我所信仰的宗教或世界观十分注重性的忠诚。

我接受伴侣的特点。

我害怕无法控制自己。

性生活的问题让我感到自卑。

22．对您而言，人生的意义是什么？比如目标、动力、人生规划、疾病和死亡的意义、来世等。

23．您能否将疾病看作是认识某些未曾体验过的领域的机会？（身体/感官、成就、交往、幻想/未来）

第十六章　分手是心灵的重逢

一位离婚女性，如何摆脱婚姻对人的摧残。

Das Geheimnis des Samenkorns

相敬如宾五十年

一对老夫妻迎来了他们的金婚纪念日。吃早餐的时候，妻子想："50年来我总是为我的丈夫着想，把面包上半比较松脆好吃的部分给他，今天我一定要自己尝尝。"于是她把面包的下半递给丈夫，给自己把这半片面包涂上黄油。出乎意料的是，她的丈夫非常高兴，亲吻着她的手说："亲爱的，你让今天的我很快乐。我已经有50年没吃过面包的下半部了。我一直认为你很喜欢吃，就把它让给你了。"

自我价值缺失型亲密关系的创伤

50岁的P女士个子高挑，美丽苗条。据她说，她已经离婚三年了，她饱受焦虑、抑郁、失眠和不安的折磨。

▶ 第一次谈话

P女士："我最大的愿望就是不再寂寞。"

心理治疗师："您有与别人交往的需求，而您身体出现的问题是由此导致的结果。"

P女士："没错，是这样的。"

心理治疗师："在最近的5到10年中，您都经历了什么事呢？"

P女士："我离婚了。在这之前我递交过一次离婚申请，后来因为丈夫改变了，变得对我很好，我撤回了申请。同一年，我的父亲就去世了，当时我正在努力拼搏事业，到现在我都没去过父亲的墓地。我丈夫在我们结婚期间经常打我，他还总和其他年轻女人传出绯闻。我的律师说他是一个典型的单身汉类型的人。

"我的两个孩子现在和前夫生活在一起，出于同情我放弃了我们共有房产中属于我的那一部分。由于房租昂贵，我每个月得到的赡养费根本不够用。离婚后我一共搬了六次家。由于婚姻中矛盾以及离婚，我几乎同所有的朋友都断了联系，我现在觉得自己非常孤独。不久前我的一个好朋友去世了，他才53岁。我要是能找到一份工作就好了。可是像我目前的这种身体情况，根本没法工作，因为我承受不了一点压力。”

心理治疗师：“通过您的叙述，我注意到您身上发生了很多事，您正在尝试着寻找新的解决问题的办法，迄今为止您都做了些什么呢？”

P女士：“仔细一想，这些压力结婚以前就已经有了。当我感到无法忍受的时候，我就借酒浇愁。”

心理治疗师：“您是怎样认识您前夫的呢？”

P女士：“我们是在工作中认识的，我曾经以为这是我这辈子最大的幸运。多年来我在工作中兢兢业业，但是我有一个不幸的童年。”

心理治疗师：“您与父母的关系如何？您有兄弟姐妹吗？”

P女士：“我在五个孩子中排行老二。在我出生两年后，父亲才从战场上回来。他在战争中受了伤，不能继续工作了。他从一开始就不喜欢我，经常打我。我非常爱我的母亲，可是她必须出去工作，所以我很寂寞。我11岁的时候，父母离了婚。母亲与一位建筑工程师再婚了，继父不愿意接纳我们几个孩子，于是我先后住在几个寄宿学校里，直到外祖母把我接走一起生活。全靠比我大4岁的姐姐的帮助，我才能从文理中学毕业。毕业后，我考上了一所语言学校。我废寝忘食地学习，希望能有一番成就。18岁时我在慕尼黑找到了一份工作。后来继父破产了，带着母亲和最小的弟弟跑到了东德。我的亲生父亲也结婚了，我永远也不想再见到他了。这样一来我再也没有父母依靠了。外祖母去世了后，我只剩下了姐姐。我十分努力地工作，得到了一个很好的职位。就是在这个时候，我遇到了我的丈夫。”

心理治疗师：“您在很小的时候就必须学会独自生活，那么婚姻生活中的情况又是什么样的呢？”

P女士：“婚姻让我丢掉了全部的自我价值和独立。公婆不喜欢我，因为我们不信仰同一个宗教。按照他们的想法，生活的内容只能是工作和祷告，对于生活中美好的东西，他们压根没有兴趣。当我第一次上门拜访，由于下装是裤子就被他们赶出了家门。公婆认为女人不能穿裤子、不能剪短发、不能参加选举，甚至不许看电视，所有一切都要严格按照《圣经》行事，并且参加教会组织的所有礼拜。结婚后教会还将我丈夫除名了。”

心理治疗师：“您丈夫是什么反应？”

P女士：“他同他父母很亲密，他的父母很为他事业上的成功骄傲。哪怕是现在，如果他的父母有求于他，他也会想尽办法满足他们的愿望。在他父母面前他从未站在我这一边。至于被教会除名的事情，我不知道他是怎么想的，他也从来没和我说过。”

心理治疗师：“这是你们之间矛盾的开始吗？”

P女士：“不，刚开始我们是很幸福的。自从相识，我们就形影不离，很快就决定结婚了。在这期间我丈夫出过一次很严重的车祸，我很幸运没有受伤，但他却昏迷了10天。经过两个月的休养，他又恢复了健康。在我和他的家人共同担心并照顾他的这段时间里，婆婆主动与我亲近，可是她老试图让我改信他们的宗教，我还必须经常去参加他们那个教派的活动。结婚以后她又试图干涉我们的一切。我曾试着让丈夫站在我这边，我去过婚姻咨询处，去找过牧师，但我丈夫却不想做任何改变，他觉得我必须无条件地服从他。我们有了两个孩子，在一个风景秀丽的地方建起了一座漂亮的房子，我放弃了自己的工作，专心家庭，本来一切是如此美好。”

心理治疗师：“您刚才说到了您有酗酒的习惯，您是从什么时候开始借酒消愁的？”

P女士：“我丈夫在一次吃早饭的时候对我说，他结婚只是为了床上能有个女人。我知道他在外边跟很多女人纠缠不清，也知道在我怀第一个孩子的时候，他就在外边有情人了，根本不关心我和孩子。因为工作，他需要经常出差。回家之后只顾蒙头大睡或者去他父母家帮忙。我越来越寂寞，于是开始拼命运动，只是为了能得到些许成就感。但我的丈夫总是嘲笑我。

“在我40岁生日的那天，我突然非常焦虑，我害怕自己失去魅力开始变老。我没有什么真正的朋友，和孩子们的矛盾也越来越多，谁也不在意我，不尊重我。我决定向法院申请离婚，但又因为丈夫的改变而撤销了。

“五年前我觉得自己太累了，短暂地离家出走了。我非常忧郁，曾试图服用安眠药自杀。八小时后，我被人偶然发现送去了医院，住院治疗了很久，出院后又接受了四个星期的心理治疗。那个时候，我的丈夫提出了离婚，我又有了非常严重的生存焦虑。”

心理治疗师：“为了以后的生活，您都做了哪些努力呢？”

P女士："我曾经和一个公司签过一个半年的季度合同，可是在合同结束之前我的病又复发了，而且很严重。我又开始酗酒，一切努力都白费了。重新治疗后，我的情况有了好转。前夫又来找我，肆无忌惮地利用我。一年以后，我的抑郁又加重了，我是真的不想再活了。这次我吞下了80片安眠药。焦虑一直围绕着我，我看不到任何未来的希望。我又在医院住了很长时间，后来在一家医院找到了工作。在看望了一次孩子之后，我又犯病了，结果丢掉了这份工作。我希望自己能快点解脱出来，重新开始生活。"

心理治疗师："您痊愈之后想做什么？"

P女士："首先我希望能找到一个让我快乐、充实的工作，我想找回丢失的自信，将自己从焦虑中解放出来，学会认可自己。我对完美的追求常常使自己不堪重负。我希望自己能再次开心起来，找到生活的快乐，对自己的生活负起责任。另外，我还希望在孩子的问题上学会放手，尤其是不再酗酒。"

心理治疗师："您为未来设定了很多不错的目标，您觉得从前的那些事情是怎么一步步发展到后面的局面的？"

P女士："我觉得是因为我感受不到足够的关心和爱，这摧毁了我的自信。其次我老是害怕自己的能力不够，不是一个好的母亲和家庭主妇。担心自己生病，担心丈夫不忠，我总想把一切事情做得更好、更多。也许我对丈夫期待过高，把我们的生活想得过于美好。在我酗酒以后，我对丈夫很冷漠，心里对他充满了仇恨，注意力无法集中，也没有兴趣社交，心情极度抑郁。酗酒和自杀实际上都是自我毁灭，但我实在是走投无路了。”

心理治疗师：“您会定期和孩子们见面吗？”

P女士：“孩子们每星期到我这儿来两次，我虽然很高兴能见到他们，但见面之前的准备工作让人非常焦虑。虽然我常常感到寂寞，希望有人能理解我，但真的要和孩子们一起度过两天，对我而言又非常困难。”

心理治疗师：“如果您每四个星期见一次孩子们，您觉得怎么样？”

P女士试着采纳了这个建议，效果却出乎意料地好。不久之后，她就能出去工作了。

▶ 治疗过程

酗酒和自杀代表着当事人P女士正在寻求温暖和安宁，是寻找新的解决问题的方法。

P女士最主要的问题在于不能及时表达出她的愿望、需求和烦恼，也没有及时将她的抵触情绪发泄出来。她对《相敬如宾五十年》这个故事很感兴趣：“我婚姻的基础就是礼貌。为了迎合我的丈夫，我放弃了自己。我们原本是很相爱的，但我们没有意识到每个人也应该有自己的生活。也许是我们之间交流得太少，害怕对方可能会做出的反应。我们本应该更多地倾听对方的意见，加强相互交流，而不是维持表面的和平。”

P女士遇到的问题主要包含这些现实能力：夫妻关系中的忠

诚、以放弃工作为代价对家庭做贡献、礼貌/诚实和希望。

在治疗过程中我们就这些领域进行了分析和讨论。这对夫妻几乎从来没有为离婚后的生活做任何安排。P女士在过分追求自立的过程中陷入了巨大的危机。在治疗过程中，我们尝试着从这一危机中找有益于P女士的积极因素，并取得了初步成效。

P女士把过去发生的事情不仅仅看成是危机，也从中认识到她性格中的积极方面，比如独立和能干。这些个性在婚姻中受到了抑制，一方面是由于她自己的选择，另一方面也是因为她丈夫的态度。离婚后，她仅凭自己还不能将这些能力重新发挥出来。在治疗过程中，她学着逐渐找回自己的自信。

积极心理治疗对分手和离婚的认识

为了摆脱已经成为负担的婚姻关系，人们往往会不计后果地做出草率的决定，却又被随之而来的各种问题弄得焦头烂额。

刚离婚时，主动提出离婚的一方似乎过得更好一点，而另一方却不得不面对一个害怕而又必须接受的事实。面对离异的打击或在接到由律师提出的离婚申请时，他必须调整自己的心态并做出反应。周围人一般都会同情和支持被遗弃的一方，会给予他很多建议，鼓励他保护好自己，“最好让对方的日子也不好过”。

在紧张的气氛中，夫妻几乎不可能坐下来冷静地讨论问题。他们只会恶意揣测对方，为鸡毛蒜皮的事争吵，而不是尽可能仔细、全面地考虑离婚会给四个生活领域带来的后果：

1. 离婚对我们意味着什么？

2. 接下来我一个人该如何生活？

3. 我是真心实意地想承担起照顾孩子们的责任吗？

4. 我能同另一方就共同监护权达成一致，并理智、妥善地处理好这件事吗？

5. 为了生活，我今后必须出去工作吗？

6. 在就业市场上，我的机会多不多？

7. 我必须自愿搬走吗？

8. 经济上如何安排处理？

9. 我们应该怎样分配家具及财产？

10. 如果朋友们疏远我的话，我该怎么办？

11. 父母和亲戚对我的离婚有什么想法？

12. 我有能力结交新朋友吗？

13. 离婚后，我的未来会变成什么样？

14. 我会因离婚遇到宗教或世界观方面的问题吗？

很多情况下，当事双方都是在事后才意识到离婚或分手对自己生活的改变以及可能产生的后果，这样一来，对他们的打击就更大了，因为原来用于维系他们的关系已经破裂了。焦虑和紧张可能更甚于不睦的夫妻生活。另外一个造成焦虑的因素是当事人自己对婚姻，甚至是对忠诚的态度。

▶ 忠诚型

该类型的人信奉的准则是持久忍耐。他自愿为婚姻做出巨大的牺牲。他坚信：人不能独自生活，人一定需要伴侣。他会容忍对方的斤斤计较、不靠谱、经济问题甚至不忠，大概永远不会主动提出分手。这样一个人，却总是分手的牺牲品。他会因分手而痛苦，陷入极度抑郁。他们的问题是害怕分手，害怕自己必须独立，害怕人们会说长道短。

如果夫妻双方都是这一类型的人，那么他们会竭力避免任何冲突，哪怕只是可能会激起离婚念头的冲突。出现了矛盾，双方都尽量不去主动提及，哪怕这有如地狱一般难熬。唯一能够维系这段关系的是双方相互依赖的愿望。一旦出现问题，他们会马上采取各种补救措施，要么把问题转移到别人身上，要么找一个替罪羊（一般是孩子或是亲戚），把破坏家庭和睦的黑锅扣在替罪羊的头上。除此之外，他们还有第三种做法——生病。身体和心理出现问题有可能稳定夫妻关系。

▶ 公平型

这类型的人注重继发能力，非常依赖正常的夫妻关系。某些特定的现实能力可能是他们生活中不可或缺的标准，如成就、准时、秩序、节俭和可靠等。与较为消极的忠诚型相比，公平型身上最突出的特征是强迫性的行为模式。一旦发生违背其原则的事情，他们宁愿分手或者离婚，也绝不容忍偏离理想标准的越轨行为，因此他们会果断地决定断绝关系。对于由此产生的焦虑，他们要么选择回避，要么凭借过激的言行加以掩饰，或者产生身心方面的紊乱，从身体上对此做出反应。

这类型的人在原发能力的范畴内往往存在缺陷。夫妻关系依赖于双方某些特定的现实能力，特别是继发能力方面较为一致。对他们而言，分手似乎很容易，但同样隐藏着强烈的分离焦虑感。面对分离的焦虑，与其说是为了伴侣，倒不如说是害怕丧失伴侣身上承载着的自己信奉的生活准则和行为纲领，继而失去自己原本和睦的家庭。

▶ 减压型

这类型的人一直在找分手的理由，千方百计地阻挠另一半维持婚姻生活所做出的努力，他们会将夫妻间的不和归咎于对方的愚蠢、幼稚和天真。对忠诚型来说，这种歇斯底里的减压型是最极端的挑衅因素，忧郁的忠诚型对他们的挑衅能做的只是更加强烈的依赖，直至试图自杀。如果两个减压型碰在一起，就会显示出一种特别的原动力，一方极力追求，是为了让对方对他产生依赖，一旦这种依赖性产生，他又开始退缩并试图与对方分开。只要对方不肯放手，他就会一直朝这个方向努力下去。然而，一旦对方痛下决心，主动提出离婚，这位减压型的人又会找出千百条理由试图挽回婚姻，给对方施加压力，迫使其收回已做出的决定，甚至不惜以自杀相要挟。

来访者—咨询师的反馈

▶ P女士

“我很诧异，我对精力的分配竟是如此片面。我把很大一部分精力集中在幻想领域，逃避到了一个梦幻世界，脱离了现实世界，但我又想在现实中寻找庇护。我觉得自己完全没有能力开始一番新的事业。我嫉妒我的丈夫，责怪他没有固定的工作时间，即使这是他从事的职业性质所决定的。

“我觉得我没有能力和别人交流，同很多朋友和熟人都疏远了，我把自己孤立起来了。为了让自己不那么痛苦和烦恼，我越来越频繁地酗酒，糟蹋自己的身体。我完全不能发现家人的需求，这让情况变得更糟糕了。

“当我意识到，我的问题主要是对这四个生活领域的片面处理引起的，我豁然开朗了。我在很短的时间内找到了一份新工作，我感觉很快乐。

“我试着诚实、坦率地对待自己和别人的感情，也尽量礼貌、体恤地对待别人，顾及别人。孩子们一个月来看我一次，我们可以很融洽地交流，我觉得他们很喜欢来我这里。现在我也很高兴离婚了，因为我们完全是两种不同类型的人。当着孩子们的面，我会尽量多说他们父亲的优点。我们通过孩子间接地保持着联系。我已经不会再为了逃避问题而用酒精麻痹自己了。”

▶ 心理治疗师

离婚及丈夫的不忠让P女士受到了心理创伤。她孤立于社会、在职业上得不到满足、与孩子们分离、对前途充满焦虑以及觉得一切都毫无希望，这一切在她身上慢慢形成了一种不同寻常的悲伤现象，并伴有身心方面的疾病。受到考验的不仅是家庭生活，更是她的整个人生。

在这里我必须指出，处于不同文化背景中的人对分手和离异有着非常不同的看法。在东方文化中，孩子从懂事起就要通过长辈的言传身教或亚文化和宗教的途径了解到婚姻的意义及家庭生活的重要性。对一个男人来说，最大的愿望是先立业后成家；对女人而言，最大的愿望则是先成家再立业。在选择伴侣阶段，全体家庭成员都会参与其中。一旦出现问题，无论是在生活的哪个阶段，都会有人参与进来，即使分手和离婚时也是如此。

在西方社会，人生的意义首先是有一个健康的身体以及成功的事业。西方人从小就教育孩子要自立，自己的事情自己做决定，目的是培养孩子实现自己愿望的能力。他们强调个性发展，所以他们把挑选伴侣看作是私事，认为家长的意见是对自己的干涉，可以拒绝父母的参与。在婚姻关系中，人们盲目地依据试错原则行事，认为只能通过自己的经验和错误才能吸取教训。分手和离婚的决定首先是个人的决定，只有在某些情况下才会受到家庭等外部环境的影响。

人们在分手和离婚以后，往往会觉得孤独和寂寞，甚至可能会产生种种抑郁的症状。在这种情况下，人们尝试着建立起新的婚姻或伴侣关系，希望能摆脱一切经济、职业和子女教育等方面的所有问题。实际上，人们大概需要两年的时间才能消化和接受离婚的事实，为下一段关系做准备。

总的来说，东方文化里，爱、忠诚和礼貌占主导地位；在西方则是公平和诚实，对忠诚与否的看法并不明确。

两种文化均过于片面，需要对其进行内容上的补充和扩展：爱、忠诚、礼貌、公平和诚实是每一个人都渴望获得的积极伴侣关系的基础。这可以保证人们一旦面临分手或离婚时不会束手无策，而是能利用各种机会商量、咨询，让自己从上一段感情中解脱出来，并有信心再次建立起一段新的关系。

爱的四个维度

事实证明，爱与时间息息相关，以下四种情况极为重要：

感到幸福：伴侣无论在身体还是品质方面，都让您感到满意。但是，您明天还会喜欢他吗？在结婚之前，幸福是容易的。双方仅在周末和节假日见面，发生冲突的概率是很低的。可是幸福的周末能保证多年美满的婚姻生活吗？

貌似幸福：双方虽然有很多问题，但对外却显得无比幸福。特别是当着外人的面，亲吻可以营造夫妻生活幸福美满的假象。

以后会幸福：出现问题时，双方试着通过坦诚沟通整理清楚存在的问题，希望今后一切会更好。然而，他们有时也会像鸵鸟一样把头埋进沙里，期待着问题自己解决。

保持幸福：想要夫妻长久恩爱并不意味着维持现状，相反，我们需要不断地重新认识对方和自己，在共同生活中不断面对新的挑战。夫妻和睦、恩爱不仅意味着称赞女方光彩动人的模样，还必须能接受她第二天早上素面朝天的模样。这不是偶尔一次，可能是长达40年之久。夫妻恩爱也同样意味着不仅要在白天对丈夫仰慕崇拜，也要能接受他在晚上穿着睡衣睡裤的模样，接受他脸上的胡子拉碴，小病小痛。

我们认识对方多半只是根据他的典型特征，比如身材、长相、面部表情、讨喜或不讨喜的行为。情人眼里出西施，我们习惯只看到我们喜欢的东西，而对其他方面忽视不见，这种态度很容易让人最后感到失望："我当初怎么看上他了？"如果性在伴侣关系中处于首位，以后在这方面就会产生矛盾；而基于突出的人格品质而结合的夫妻也会因此问题而情感破裂。

处理婚姻冲突，您可以这样做

面对婚姻关系中的任何冲突，您都可以思考下列问题：

1. 这个问题能否解决？我真的想解决这个问题吗？伴侣能满足我对他/她的期待吗？他/她想解决问题吗？我是否已经尝试去解决问题了？

2. 我能否诚实地、不加掩饰地看待问题？我能坦诚地表达自己的看法吗？我愿意倾听对方的想法吗？我是否真的愿意抽出时间花在对方身上？我是否想让情况随时发生改变？

3. 我是期待对方改变，还是愿意自己做出改变？我能再给我们的关系一个机会吗？在我们之间有很大的冲突时，我也会忠于我的另一半吗？

4. 在做出离婚的决定之前，我寻求过心理治疗师、法律人士、家人或朋友们的帮助吗？

5. 如果我的另一半在工作和经济中遇到困难，我会怎么做？我还会和他/她在一起吗？如果我们的生活极度困窘，只能维持最低生活水平时，我又会怎么做？

6. 我能否独立处理工作或家庭琐事？还是我必须依赖伴侣？

第十七章　耳朵里的声音越来越响了

一位小组长

Das Geheimnis des Samenkorns

茄子的仆人

从前，东方有一个古老的王国。国王特别爱吃茄子，百吃不厌，他甚至雇用了一位专门做茄子的仆人。国王欣喜地赞美道：“茄子真是太奇妙了，它的味道是多么甘美，它的样子是多么漂亮，它就是世界上最好的东西。”仆人回答道：“确实如此。”就在当天，吃了太多茄子的国王开始难受了，他觉得胃里好像在翻江倒海，仿佛要把以前吃过的茄子通通都吐出来。他呻吟道：“我再也不吃茄子了，我再也不想见到这些来自地狱的果子了。光想起它们我就觉得恶心，茄子是世界上最可怕的东西。”仆人依旧回答道：“确实如此。”国王听了觉得很奇怪：“中午我赞美茄子的时候，你在附和我；现在我又说茄子非常恶心，你也附和，你这不是自相矛盾吗？”仆人回答道：“因为我是您的仆人，不是茄子的仆人。”

控制欲人格的脱序焦虑

50岁的R先生在一位专家的推荐下来到了我这儿。在这之前，他因双耳耳鸣接受了几个星期的输液治疗，然而并未得到什么改善。他的诊断书中说，右耳耳鸣在6000赫兹①时强度为70分贝，左耳耳鸣在4000赫兹时强度为50分贝，分别高于听觉域20分贝和15分贝。

▶ 第一次谈话

R先生在他妻子的陪伴下，坐到了心理治疗师对面。他相貌堂堂，注重仪表，虽然努力表现得很自信，但他的表情和手势暴露了他的无奈。

心理治疗师：“您的家庭医生给我打过电话了，说了一些关于您的情况。您能自己说说您的病情吗？”

R先生：“自1993年12月中旬以来，我的两只耳朵开始出现耳鸣的情况，时轻时重，只要稍稍一激动就出现耳鸣，特别是听到吸尘器、鼓风机和开车时的风声，耳鸣就会加剧。在休息和睡觉的时候，耳鸣更强烈，所以我只有在支撑不住的时候才能睡着。”

---

① 国际单位制中频率的单位。

心理治疗师："到目前为止，您都接受了什么治疗？您的感觉如何？"

R先生："我接受过输液、吃药的治疗，但病情并没有明显好转。医生认为我需要做好长期与耳鸣做斗争的准备，就像贝多芬一样。我害怕耳鸣会变成慢性病，如果那样的话，我感觉自己会得抑郁症，长期受这种折磨我没办法活下去。"

心理治疗师："我觉得您的问题是身边总是太嘈杂了。您从来没有察觉到来自内心深处的声音，所以这个声音必须特别响，甚至是叫喊才能引起您的注意。"

心理治疗师把刚才所说的话用不同的音量重复了一遍。刚开始时R先生吓了一跳，然后露出了饶有兴致的表情。诊室里安静了下来，可以看到他是在思考这一积极解释的意义。

R先生："嗯，您说得有道理。您想象一下，我一天至少要打50个电话，我现在看到电话就烦。没错，我的耳边确实是太嘈杂了。我的妻子曾经求助过德国耳鸣患者协会，希望能得到有关这种疾病更为详细的信息，但他们也只是建议进行药物治疗、输液和氧气治疗。这样下去我该怎么办呢？"

心理治疗师："这个病对您的个人生活和工作造成了什么影响吗？"

R先生："我非常焦虑，因为我总是听不清妻子和儿子在说什么，他们要么说得太小声，要么过于含糊。我老是让他们说得大声、清楚一点，但往往没什么用。我的工作上也有问题，我已经请了好几个星期的病假了。"

心理治疗师："您从事什么工作呢？"

R先生："我是一个大型公司计划部门的小组长，负责的工作范围很广，一星期至少要工作45小时。"

心理治疗师："您为今后的工作担心吗？"

R先生："对，一旦这个病发作，我还怎么工作呢？除了刚才提到的50通电话，我还有30次与同事和上司的面谈。我们这个行业存在结构方面的问题，今后的市场形势也不容乐观，尽管如此，眼下的工作却依然非常紧迫和忙碌。另外，我觉得企业的目标及其任务实施之间存在着矛盾，对此我有责任。"

心理治疗师："您的工作环境如何？"

R先生："我和另外一位同事合用一间办公室，他的所有电话我都能听到。我的电脑上还连着两个终端和三台打印机。虽然我同上级领导及大多数同事的关系都很好，但他们的声音也让我很焦虑。"

心理治疗师："您会参加各种社会活动，比如热心于政治活动或加入某个活动小组吗？"

R先生："我会参加。虽然我的空余时间不多，但我还是非常积极地参与政治活动，因为我认为有几个涉及我们居住区的未来的问题非常重要。从前是我的妻子在做这件事，后来我觉得她在代表我的政治目标时不够尽心。为了全权负责这件事，我自己参加了竞选。"

▶ 治疗过程

接下来几次谈话的目的是与R先生一起讨论和分析所有的焦虑因素，包括他已经意识到的。此外，他在妻子的治家理念和与儿子的关系方面也存在着矛盾。他认识到他非常注重公平，主要涉及秩序观念，诚实、准时和节俭的现实能力。这样，我们就从症状深入冲突本身。我请他的妻子也加入了治疗，因为这里潜藏着一个重要的冲突因素。

R先生："我妻子花钱一点计划也没有，我们的账户总是透支，所以我不再让她掌管家里的财政大权，只给她生活费。我们常常因为如何管家的问题发生矛盾。在小儿子的教育上，我们的观点也常有分歧，妻子总是跟我对着干。"

可以看出，他们根本冲突的领域是节俭、秩序观念和服从。

妻子："我觉得他仗着自己生病，在家里定下了一些根本行不通的规矩。比如不管我们为什么出门，我和已经17岁的儿子在晚上10点前必须回家。如果我们没准时到家，他就把家里的门都锁上，不让我们进去。他强迫我放弃了我已经做了四年，而且做得挺好的政治工作，当时区委会的人都非常吃惊。自从我放弃工作后，他就希望我晚上干脆不要再出门。小儿子也必须放弃他的爱好，只是因为他的父亲不喜欢。有时候我想，这一切也许是因为他从小在家里受到的教育过于严格。"

此处涉及的现实能力是准时、服从和公平。

我："现在我们一起来分析一下您是如何形成这些原则的。

您能谈谈您的父母吗？”

R先生：“我是八个子女中的老大。我父亲是独生子，他一直很想拥有一个多子女的家庭。我在很小的时候就学着自立，我和最大的弟弟相差只有11个月，和其他孩子之间都相差一两岁。我们是由父母和不同的保姆拉扯大的。我父亲是一个教条十分僵化的独立教会组织的固定成员。他认为，所有不属于这个组织的人就是不虔诚的人，不允许我们和他们来往，不允许我们在别的协会进行体育活动，不允许参加学校组织的看电影或看话剧活动，而且星期天必须参加3次教会的活动。”

我给他讲了《茄子的仆人》的故事，引起了他的思考。

在接下来的一次谈话中，R先生首先开口说道：“您的故事让我想了很多。在我童年和青少年时期，家里给了我很大的压力。您的故事让我意识到我现在就像我父亲那样不近人情。在工作和生活中我总是不懂得变通。从今往后，在待人处事上我必须学会更加灵活。”

他的儿子也参与到了治疗中。儿子的问题主要涉及准时、诚实和服从等现实能力。之后，R先生生活中的紧张有了明显地缓解，父母和儿子之间可以进行真正的交流了。

经过八个星期的22次治疗以后，R先生能继续工作了，并且调整了自己的工作环境。

“在这期间，我和上司谈了谈我的工作环境和身体情况。根据我的建议做了一些改变，以后我就不会有那么多的琐事了。我现在拥有一间单独的办公室，想了一些新办法来向工作人员转达必要的信息，不必总是通过电话了。”

他病情好转的关键在于分析和反思了工作和生活中的焦虑状态。“对我来说，我们对生活的四个领域的讨论十分重要。我明白了生病实际上是身体在向我发出信号，提醒我要注意平衡这四个领域间的关系。您的问题也让我重新思考了自己的生活和工作状况。我与妻子和儿子的关系也有了很大的好转。此外，我对业余生活、未来和人生意义的看法也发生了改变。过度的紧张和忙碌让我失去了平衡，我自己要负很大一部分的责任。”

积极心理治疗对耳鸣的认识

据估计，德国约有100万人患有慢性耳鸣，再加上那些时不时耳鸣的人，大约能有1000万人。这种从耳朵内部发出的折磨人的声音是由听觉系统的功能性紊乱引起的。也许是因为受损的听觉细胞受到刺激，人们会产生某些对特定事物声音的感觉：大海的波浪声、水壶的尖叫声、车轮在路上碾过的咔嗒咔嗒声、杯子盘子碰撞在一起的叮叮当当声。正如人们常说的那样，耳朵里好像有个小人在嗡嗡地说话。

根据研究结果，耳鸣的原因在于供血不足导致中耳缺氧，其原因可能来源动脉硬化、糖尿病、新陈代谢疾病、颈椎劳损、过敏、误服某些药物和心情极度焦虑等。

焦虑会造成输血管狭窄，从而导致供血减少，中耳缺氧，起听觉功能并向大脑传递信息的感官绒毛发生粘连，听觉细胞死亡。死亡的细胞落入耳蜗，刺激临近的感觉细胞，进而产生鸣叫。耳鸣可能有各种各样的种类，如尖叫声、嗡嗡声、咚咚声、嘶嘶声或响铃声，给患者造成了极大的痛苦。耳鸣的音量可以达到类似气锤般的声响，且日夜不休。

噪声也可能是造成焦虑的原因之一，尤其是当人们没有任何保护，直接暴露在噪声之中。噪声也可能是自己造成的。一开始，人们把这类声音当作一种享受，比如音箱中的音乐、夜店的舞曲或骑摩托车时的风声；另一方面，对自己的要求过高、争强好胜或过于认真也会引发耳鸣。

焦虑状态会导致神经系统做出错误的指挥，处于紧张、忙碌之中的人同样会频繁地听到噪声。当患者出现明显症状时，除了求助耳科医生，也可求助内科医生、神经科医生、牙科医生或矫形科医生。另外，心理治疗师也能帮助患者找出耳鸣在心理上的原因。

来访者—咨询者的反馈

▶ R先生

耳鸣应当尽早治疗。患者极度紧张，急需心理方面的帮助，所以心理治疗师应该避免一切可能引起患者不安的行为，应及时让患者明白，治疗耳鸣不可操之过急。治疗应当在一种安全的氛围中进行。输液在某种程度上也会影响到患者的心理状态，尽可能安排患者住院治疗。如果条件实在不允许，最起码也应该在轻松安静的环境中给患者输液。另外，休病假也有益于治疗，因为患者可以马上休息。这一阶段的患者应该长时间散步、进行深呼吸锻炼、做运动，这些都有益于实现身心的平静。

“在第一次治疗之后，我重新看到了希望，觉得自己终于得到理解和认可。在随后的15次治疗中，医生引导我进行自疗，我也学会了一些放松的方法。从那以后，我常常使用这些方法，耳鸣的情况逐渐变好。5月初我又能开始工作了。6月份以来，我有时候连续几天都不会耳鸣，睡眠质量也好了一些。总之，我一定坚持在实际中运用治疗过程中学到的东西。”

▶ R先生得出的结论

为了治愈耳鸣，避免病情再次复发，R先生必须改变他的某些生活习惯。在治疗过程中，他知道了是哪些原因诱发了他的疾病。通过分析他得出下列结论：

我的家庭

“我同我的家人一起把最近10年内发生的和未解决的重大事件和问题都开诚布公地讨论了，并试着对有争议的问题达成共识。在很多问题上我们都是这样做的，解决了生活中的很多障碍。

“我们决定今后再也不逃避问题了，而是共同商量着解决，永远记得问问对方是怎么想的。

“我们重新考虑，怎样可以合理地解决日常生活中那些令人烦恼的琐事。妻子承认我身上突出的继发能力，如秩序、准时、公平和节俭。从原则上说，这些都是很好的品质，她表示尊重。另外，我的要求也不再像以前那样严格了。”

爱好和业余生活

“在生活中，我总是不自觉地延续工作中的习惯和做法。我本来是生产计划部门的负责人和安排时间的专家，所以我的业余时间也一直是按部就班，没有空闲的时候，也可以说没有什么放松的时候。我总是严格要求自己，我一直认为只有这样才能不断提高，保持自己的效率。现在我尝试在生活里不再对自己高标准、严要求，也不再制定什么大目标了，而是让一切顺其自然。如果我哪天没有完成当天的工作计划，我也不会再感到内疚。我现在觉得偶尔休息、放松都是正常的。

“我意识到，长时间超负荷的工作和工作之外的政治任务，给我造成了过于沉重的压力和焦虑。我也认识到自己精力有限，准备辞掉工作之外的任务。我真应该感谢我的耳鸣，身体亮起的红灯让我及时停了下来。”

工作

“我的工作内容决定了我必然会遇到很多紧张因素，这些因素中也有不少是人为造成的，过去是这样，现在也还是。也就是说，这些人为因素是我可以调整的，甚至排除的。在上司的支持下，我的工作环境已经得到了改善。我有了独立的办公室，远离了一部分噪声。我重新合理划分了工作，一部分时间专门用于处理人事问题，另一部分时间则不与外界联系，专心在电脑前工作，不接受任何人的打扰。在这段时间内，电话会被转接给助理。同时我遵守工作时间，周末在家不办公。如果发生了小的问题，我会试着弄清情况，马上解决。如果这些事不属于我的职责范围，在我上司的帮助下也无法解决，我不会再紧抓着不放。为了保持平和的心态，我会把发生的问题或管理中的错误记录下来，以此作为结束，不再继续伤脑筋了。”

通过治疗，R先生的价值观发生了改变，他不再那么看重物质方面。对他来说，家庭和睦、美满比事业上的成功更为重要。他开始更多地思考人生的意义。

▶ R先生的妻子得出的结论

“我丈夫的病情强迫他改变了对自己和家庭的态度。他比过去冷静多了，现在能听取别人的意见，也能承认自己的错误，和儿子的关系也有了改善。从前，他老是把儿子当成小孩，现在他能把儿子当作成年人和伙伴看待。过去他总是不能对儿子真正放手，但现在他们俩能一起做很多事，比如修整花园。

“从前我们家里两大矛盾是儿子不准时和我没有做好家务，我丈夫总是因为这两点生气。现在我们制定了一些新的规矩，比如不再限制我晚上出门，最晚11点回家就可以了。我的焦虑感有了很大的改善，我还在找机会参加更多的活动，充实自己的精神生活。”

▶ 心理治疗师

到目前为止，治疗的重点是对心身方面的疾病及工作中的成就问题进行分析。根据平衡模式，我们扩大了治疗的范围，问题的关键在于成就被当作处理冲突的方式。R先生的生活完全围绕着成就，这是一种自我陶醉式的追求完美，随之出现的是对失败的极大焦虑。就处理冲突的能力而言，他在身体、交往、幻想等领域都存在缺陷。它们在很大程度上加剧了冲突的发展，但以前的R先生从未意识到。

考虑到原生家庭关系及榜样范畴，他出现这些缺陷是可以被理解的。反过来，有缺陷的领域又影响了他的内在需求，这些需求通过耳鸣来吸引他的注意：听听我们的声音吧。

在各种现实能力中，占主导地位的是勤奋、成就、节俭、准时、诚实、秩序和公平。他的行为纲领体现在生活方式、行为动机和过去的教育环境中，它们又蕴藏着刚才提到的人性品格。

治疗主要以家庭治疗的方式去挖掘和认识那些他从未体验过的领域。

如果你也有听觉紊乱的困扰，您可以这样做

下面的问题有助于您了解自己的听觉或视觉紊乱。

1．您是否认为自己的生活和职业一团乱麻？您是否因过往的经验蒙蔽了双眼？您是否对某事视而不见，充耳不闻？就您的疾病，您能想起什么民间格言吗？它们让您明白了什么？

2．您是否只从固定的某一角度观察世界？您在观察过去、现在和将来时是否过于乐观？

3．您是否定期服用医生开的药？您知道这些药物有什么作用吗？您期待它们能产生什么样的效果？它们可能会出现什么副作用？

4．您是否进行间歇训练，还是使用其他的放松方式？

5．您担心工作完不成吗？您是否觉得自己处于压力之中？

6．要让工作人员、同事和上司听到您的声音，您必须一直絮叨吗？

7．谈起别人的错误时，您的耳朵是否特别敏感？

8．您如何看待这些处世哲学：听谏纳言、眼见为实、不听老人言吃亏在眼前？

9．您和伴侣、父母、孩子、朋友、熟人会特别在意生活中的哪些事？涉及哪些现实能力？

10．您只相信自己亲眼看到的事情吗？

11．在过去的五年里，您都遇到了哪些让您困惑的事？请您举例说明。如果您不想理会它，您会视而不见、充耳不闻吗？

12．一直以来，您想实现哪些愿望？您觉得有机会实现吗？

13．对您而言，人生的意义是什么？比如目标、动力、人生规划、疾病和死亡的意义、来世等。

14．您能否将疾病看作是认识某些未曾体验过的领域的机会？（身体/感官、成就、交往、幻想/未来）

第十八章　甜食可以治愈生活的苦

一位糖尿病患者

Das Geheimnis des Samenkorns

金帐钉

从前有一位托钵僧，奉行清贫主义，希望死后能进天堂。有一天，他遇到了一位国王。他还从未见过哪个人拥有那么多的财富。国王扎在城外用作休息的帐篷是用非常珍贵的材料做成的，连固定帐篷的钉子都是纯金的。托钵僧习惯向人们传播清贫主义，便向这位君主滔滔不绝地说起世俗的财富是多么微不足道，金帐钉是贪图虚荣，人的追求是徒劳无益，相反，只有神圣的宗教圣地才是美好与永恒，禁欲才是最大的幸福。国王一脸严肃，若有所思。

突然，国王抓着托钵僧的手说："您的话对我来说就像是正午的太阳，傍晚的清风。请您带我去那个神圣的殿堂吧。"说完，国王扭头就上路了，钱、马匹、仆人，一个都不带。托钵僧惊奇地追上前去："陛下，请告诉我，您是真心想要去朝拜圣地吗？如果是真的，那请您等一下，我赶紧去拿朝圣袍。"国王微笑地回答道："我把我所拥有的一切都留了下来，您就非得为了一件袍子，再走回去吗？"托钵僧惊讶地说道："陛下，您怎么抛下了所有的东西呢？甚至连王袍都没拿呢？"国王不慌不忙地回答道："有时候，我们只是把金帐钉埋进了土里，却没有钉进我们的心里。"

基础病患者的生活焦虑

41岁，患有胰岛素依赖性糖尿病和初期肾衰竭的S先生来到了我的心理诊所。他有一系列症状，比如爱出虚汗、呕吐、体重减轻、抑郁、内心不安及意图自杀等。这几年，他一直在看门诊和住院治疗。在接受心理治疗前的三年中，他一直住在医院。

纯药物治疗没能控制住他的病情。据他自己估计，至今他用于治疗的费用已经高达300万马克。

▶ 第一次谈话

S先生："我患糖尿病已经九年了。到目前为止，我的病情没有完全得到控制。我现在已经住院三年半，仍然不见好转，我实在不知道该怎么办了。在我长期住院的期间，我的事业和生活是一团乱麻。"

在第一次谈话中，心理治疗师和S先生一起尝试着对他的病情做出了积极的解释：他有能力给予自己温暖。S先生起初对此非常吃惊，可是这种解释激起了他的好奇心，他愿意试试。

心理治疗师："您的症状是从什么时候开始的？从那以后您都遇到了什么事？"

S先生："九年前的5月，我第一次被诊断出糖尿病。那一年的年初，我自立门户开了一家公司，放弃了稳定的工作，不再为别人打工。这在当时的确是个很大的挑战，也是我生活的一个转折点。刚开始的成功给我带来了喜悦，但我的妻子因为我没有太多时间陪伴她，和我发生了很多矛盾。我向她保证，我对她的感情一如既往，只是我现在得先专心做工作，可她不相信我。

“我在医院住了好几个月，但是病情始终没有控制住。我试着在医院里远程办公。另外，成立公司不到一年，我们就开始翻盖房子了，这并不是一件小事，建房的费用也超出了计划。

“两年后我发现妻子出轨了，这对我是一个沉重的打击，因为我觉得忠诚是婚姻的基础。又过了两年，我的父亲去世了，这又是一个打击。虽然我们父子之间的关系不是很好，我却再也没有机会弥补了。因为我总是休病假，公司的生意也十分严峻。我总觉得我在疲于奔命、渴望成功。后来，我的身体情况越来越糟，不得不住院治疗，一住就是三年半。这期间，我妻子向法院提出了离婚申请。再后来，公司破产了，我背了一身债，现在只能靠领社会救济金过日子。”

下一次治疗时，心理治疗师问他为何如此看重成就。

S先生：“唉，我13岁时就离开了父母，因为我在那儿再也待不下去了，从此我就自食其力了。父母的婚姻不是很和谐。他们总是斥责我，也从来没有说过喜欢我。在我离开家之前，我曾自杀过两次，但他们毫不在意。为了生活，我不得不去打工，一边工作，一边上学。幸运的是，我顺利考上了大学，毕业后也找到了一份工作。所以，一直以来我的生活重心只有工作。”

心理治疗师：“在我看来，这些年，您把所有的精力都投入到了工作中。”

S先生：“是的，当年一切都顺风顺水，我根本不会去想我的工作有什么意义。”

心理治疗师：“您为了获得一定的地位，付出了超常的努力，但这也是您生病的原因。您觉得生病对您是否也有积极的影响呢？”

S先生：“我不知道，我失去了一切我所看重的东西。还是说，您认为正是我目前的处境会强迫我去思考今后该怎么办呢？”

在下一次谈话之前，心理治疗师请他记录下到目前为止，由于自身原因未能实现的愿望和未来三到五年中的计划。

S先生：“起初，在完成您布置的这项任务时，我考虑了很久，我连一个愿望也想不起来。几天以后，我觉得您指的大概是那些我自己没有认识到小愿望，也可能是我忽略了它们。至于以后，我希望我能尽快好起来。有时候我会想，要是没有生到这个世界上或许会更好。我越想要知道人生的意义，我就越惶恐。现在，我还不知道我生命的意义是什么。”

▶ 治疗过程

治疗持续了14个月，共计45次谈话。在这个过程中，S先生意识到，过去的他只一味追求成就，工作是他实现自我价值的主要源泉。婚姻中的矛盾是他在工作中过于投入，给予妻子的关心太少导致的，妻子觉得自己没有得到他的爱。由于渴望成功，S先生不断对自己施加压力，特别是在他因为生病不能保持以往的工作效率后，身心的焦虑程度加剧。而他的病情一直得不到控制，焦虑更加无法缓解，最后发展成为绝望和抑郁。

随着心理治疗的深入，S先生提高了对自己心理问题的关注度，他的最高血糖值有了明显下降，波动幅度缩小，注射的胰岛素剂量也明显减少了。他重新组建了公司，又再婚了，病情得到了有效的控制。

治疗的五个阶段

在S先生的案例中，分为五步的积极心理治疗得到了很好的效果。

▶ 第一阶段：观察

这一阶段的出发点是患者产生不适的症状，向心理治疗师求助。在S先生身上，主要是无法控制的糖尿病及由此造成的身心方面的问题。治疗从症状出发，心理治疗师尝试解释疾病的积极方面，让患者从另一个角度来看待自己的问题。

▶ 第二阶段：调查整理

根据谈话中提到的近10年内发生的事情，可以推断出患者处理问题及应对冲突的方法。在S先生身上可以明显地看出他受到成就标准的影响。据他所说，工作和家庭生活中的负担导致了感情方面压力过大与焦虑，而后者又影响到身体的植物神经系统、荷尔蒙系统及器官系统。

▶ 第三阶段：情景鼓励

这一阶段分析并总结了病情的积极方面，比如“这些事件对您及您周围的人们有哪些积极的影响？”等问题十分有用。

在此基础上，S先生意识到自己忽略了人际间的交往和未来等领域。生活的崩溃被他视为一种教训，督促他今后更多地关注这些有缺陷的领域。雅阁布森的放松练习和佩塞斯基安的间歇训练给予了他很大的帮助。

▶ 第四阶段：语言表达

这一阶段的首要任务是分析和讨论生病原因及有缺陷的领域，首先涉及家庭、伴侣和工作。在这一过程中，S先生逐步学会了承认过去被否定的愿望，还能找出一些与他曾经的成就纲领不相符的愿望。有一段时间，患者偶尔会有对损失的焦虑感，以逃避和退缩来面对，正是这种“反复”，让他看清了自己内心挣扎的过程。

▶ 第五阶段：目标扩展

患者依据处理冲突的四个生活领域，制定了未来五年的目标。第五阶段旨在为结束心理治疗做准备。为了改善和保持患者的健康状况、成就能力和伴侣关系，我们鼓励他对今后的生活做出计划。

积极心理治疗对糖尿病的认识

每个人的血液之中都存在葡萄糖，每公升血液中的含糖量不得超过11克，在空腹状态下正常的血糖值约为70~120毫克/分升（70~120mg/dl），大于120毫克/分升就可以称为糖尿病。

血糖是人体细胞功能的主要来源，通过胰腺中胰岛素的作用到达人体细胞。如果人体产生的胰岛素过少就会导致血液及尿中含糖量的增加，胰岛素的分泌也受到植物神经系统及各种激素刺激的影响，比如，肾上腺素和去甲肾上腺素会阻碍胰岛素的分泌。通过这些生长激素的循环，人体机能进入最佳状态，血糖值大大升高，人体随时可以做好战斗和奔跑的准备。这一过程的意义大概就是为可能发生的斗争或逃跑准备必要的能量。

处理冲突的四种形式

身体/感官：患者习惯通过摄入食物，特别是甜食来抑制他们长期对爱的渴望。由于糖尿病对日常生活的限制，患者常常会感到焦虑和无能为力。面对这种身体上的失控，一部分人感觉沮丧和冷漠；另一部分人则试图忘记或否认自己的疾病；还有一些人会用暴饮暴食或酗酒进行抗议。

成就：患者在这个领域会表现出特别的自律和认真，但大多数人又缺乏果断、好胜及积极进取的精神。

交往：患者在这一领域的经历往往是负面的。患者有着强烈的依赖感，极度渴望得到宠爱，但只有很少一部分伴侣能满足他们的愿望。也正因为他们强烈的感情需求，所以尽管患者感到很失望，却很少选择与他们的伴侣分开。

幻想/未来：糖尿病也可能是对日常生活的逃避。患者至少在幻想中能追求和获得现实中不可能得到的东西。患者常常觉得命运对自己不公，他们不信仰上帝。对患者而言，公正、怀疑、可靠、忠诚和依恋的现实能力较为突出；爱、信仰、希望及成就的现实能力有待加强。

▶ 内心的冲突来源

让我们来试着想象一下糖尿病患者的心理状态：孩子们在很小的时候就知道甜食的意义。甜食可以作为奖励，意味着安抚，毕竟爱总是“甜”的。如果人们认为一个人漂亮又可爱，就会说他“真甜”；如果对一个人“口蜜腹剑”，就是要骗他；人们虽然给他甜头或者是爱，却让他难以接受；如果先打一个人一巴掌，再给个甜枣，就意味着既奖励他，又惩罚他。

来访者—咨询师的反馈

▶ S先生

S先生接受了我对他病情的积极解释。一个月之后，他的病情有了明显好转。在为期十四个月的心理治疗过程中，S先生的最高血糖值有了明显的下降（第一次达到了正常范围内），波动幅度也明显减少了。在随后的几个月里，他减少了注射的胰岛素剂量。

S先生开始积极地重新规划他的生活了。他观察到，如果他对某个领域不够重视时，血糖值会发生变化。比如，他在工作上过度投入，不管是做得太多或是太过认真，其他领域都会被忽略，或者在发生冲突时不能恰当地处理。对此，他提到了1986年9月与他的前女友分手的例子（见下表）。

迄今为止，关于心理和社会因素对糖尿病的影响这类的调查研究还不够多。然而，在身心疾病的研究中存在着广泛共识，即疾病的发展受到长期的感情负担或冲突的影响。

积极心理治疗主要从调查分析内容上入手，比如询问患者在最近10年里经历过哪些不愉快的事件。个人日常生活中突出的现实能力解释了这个患者为什么会患上糖尿病，而不是其他病。

	最高值	最低值	波动幅度
1976 年 5 月（患上糖尿病）	788		
1976 年住院	800	400	400
1985 年 12 月（住院三年后）	600	195	405
1986 年 1 月（心理治疗开始）	600	400	200
1986 年 2 月	600	53	547
1986 年 3 月	400	41	359
1986 年 4 月	356	38	318
1986 年 5 月	400	81	319
1986 年 6 月	386	38	348
1986 年 7 月	330	62	268

续表

	最高值	最低值	波动幅度
1986年8月	376	83	293
1986年9月	400	200	200
1986年10月	276	46	230
1986年11月	310	96	214
1986年12月	283	86	197
1987年1月	196	86	110
1987年2月	146	42	104

心理治疗前的血糖值（mg/dl）及治疗过程中至治疗结束时的变化

当您遭遇慢性疾病困扰时，您可以这样做

下面的问题能帮助您思考和认识疾病对您的生活的意义。

1．您的社会关系是否失衡？您是否有一种必须自己温暖自己的感觉？您能想起什么谚语来形容您的疾病吗？

2．谁，在什么时候告诉了您的病情？

3．生活中有很多人用食物缓解沮丧情绪。当您这样做的时候，是否会害怕自己举止不得体？

4．在您闲下来的时候，会用吃东西来犒劳自己吗？焦虑的时候，您是否会感觉饥饿？

5. 您是否按时服用医生开的药？您知道这些药物有什么作用吗？您期待它们有什么样的效果？它们可能有哪些副作用？

6. 您满意自己的工作吗？您身上果断、好胜和积极进取的精神表现得很突出吗？

7. 您能否坦率又适宜地表达出自己的愿望和要求？

8. 您感觉寂寞吗？如果和伴侣或其他人待在一起，您会觉得孤独吗？如果您的伴侣没时间、不讲规矩、不准时、不礼貌，您会觉得对方不关心自己吗？

9. 您会给予别人温暖和爱吗？

10. 在您的经历中是否也遇到过“打个巴掌，再给个甜枣”的情况？您是否时而受宠、时而被冷落？

11. 您希望伴侣能服侍您“饭来张口”吗？

12. 您是否承认自己也需要对病情负责任？

13. 您是否希望自己的生活方式能更加灵活？

14. 您是否常感觉自己的身心（工作和私人生活）没有安全感？

15. 您觉得生病是老天的不公吗？（为什么偏偏是我？）

16. 对您而言，人生的意义是什么？比如目标、动力、人生规划、疾病和死亡的意义、来世等。

17. 您能否将疾病看作是认识某些未曾体验过的领域的机会？（身体/感官、成就、交往、幻想/未来）

第十九章　我已经不能再工作了

一个推销经理，打工人的年龄和职业焦虑

Das Geheimnis des Samenkorns

想做的事还有很多

从前有一位商人，他有150匹骆驼运布料，还有40个听话的奴隶和仆人。有一天晚上，他邀请一位朋友来家里做客。整个晚上他都在喋喋不休地诉说他的烦恼和繁忙的生意。他说他在突厥斯坦的财产、在印度的货物，拿出各种地产契约书和珠宝首饰。这位商人叹息着："哦，朋友，我就只想再出门一趟，这次之后我就真的不再工作了。我早就该颐养天年了，现在就盼着这一天呢。我打算先把波斯的硫黄运往中国，我听说硫黄在那里卖得很贵，然后我想把中国的花瓶运到罗马，再让船队把罗马的布匹运往印度，把印度的钢铁运到阿勒颇，把阿勒颇[①]的镜子和玻璃器具出口到也门，再从也门把种子引进波斯。"他脸上带着幻想，对那位听得目瞪口呆的朋友说道："从此我就会安定下来，在对过去、未来和人生的思考中度过我的余生。"

——改编自波斯诗人萨迪的作品

① 叙利亚第二大城市。

完美型人格的高目标渴望

住院六个月以后，T先生在内科医生的推荐下第一次寻求心理治疗。

刚开始治疗，他就谈起自己失去了工作能力的事儿，看来这个话题比身体的不适更令他不安。他讲了一大堆他认为是负担的事情和习惯。

▶ 第一次谈话

T先生："七年来我的身体一直不太健康。最开始是突发的心肌梗死，后来四年内两度中风，每次都做了手术。现在我又住了六个月的院，做了微创手术，切除了一半的胰腺、胆囊、十二指肠、三分之二的胃以及肠道的其他部分。最糟糕的是我不能再工作了，医疗保险公司提出了无劳动能力的申请，看样子是永久不可能了……"

心理治疗师："您不能接受不能工作的事实，对吗？您确实因为健康问题受了很多苦。那么我们一起来试着分析一下，为什么您如此看重成就以及您生病的原因。您自己有没有想过这方面的问题？"

T先生："教授和医生们都认为，我生病的原因在于我太过较真、过于忙碌，人也极度紧张，但我自己却搞不太明白。在离婚前的最后一年，我得了很严重的抑郁症。我曾经努力想挽回我的婚姻，但在离婚后的第四天我放弃了，在报纸上登了征婚启事，想找一个新女友。在我认识现在的妻子之前，我在三年时间里交了无数女友，生活非常疯狂。”

心理治疗师：“您学的是什么专业？从事什么样的工作？”

T先生：“我父亲认为，既然我的哥哥经商，那我就必须学习一个技术方面的专业，我自己并不想学。尽管如此，我还是通过了学徒结业考试，这是我父亲同意我结婚的条件。在我搬居到联邦德国[①]的第三年，我有机会当上了销售员和商人培训班的负责人。后来我跳槽到了一家有名的电脑及电子数据处理公司。通过培训，我获得了电子数据处理企业经济学文凭。一直到我不能工作之前，我都是公司主管联邦德国的销售经理。”

心理治疗师：“您的经历非常有趣，也非常成功。为了在事业上达到这样的高度，您一定付出了巨大的努力，一直到现在您都在这家公司工作吗？”

T先生：“对我来说那段时间非常艰难，因为我必须在公司先立足。四年前，为了把我的一个获得专利的创意推向市场，我又加入了我和妻子共同创立的公司。公司运转得很好，现在已经有了19个员工。但我突然生病做了手术，被告知永远不能再工作了，您知道这对我意味着什么吗？”

心理治疗师：“我能理解，因为您说得非常动情。您的家人

---

① 德意志联邦共和国在两德统一前简称联邦德国。

是如何看待您和您的病情的？”

T先生：“如果没有我现在的妻子，我根本挺不过来。在我父亲眼里，我所做的一切都是没有价值的，哥哥和继母生的女儿才是他的骄傲，但其实我一直想努力得到父亲的认可。”

心理治疗师：“我认为您强烈的成就欲来源于您希望得到父亲的认可。您还能想到别的什么吗？”

T先生：“确实是这样。我母亲很早就去世了，13岁以前我都是在姥姥家长大的。他们去世后我不得不搬到父亲和继母那里，从此再也没有好日子过了。继母对我非常严厉，也很不公平。父亲总是让我把哥哥当作榜样，在父亲眼里哥哥是最好的，父亲从来没有表扬过我。实际上，在我当销售经理期间，在167名同事里，我一直都是前11名。”

▶ 治疗过程

在治疗过程中，T先生更加详细地描述了他的家庭情况与工作经历。下面主要是T先生经历过的不公平事件：

“在我哥哥搬出去以后，我与父母的关系并没有改善，甚至可以说是更糟了，因为继母生了一个健康的女儿。您可以从下面的事情中看出来，这个孩子对我的父母来说有多重要。继母的女儿可以去上大学；父亲和继母在遗嘱里剥夺了哥哥和我的继承权，包括家里的几件纪念物，他们把财产都留给了这个女儿。家里也没有对我进行性启蒙教育，我是自己摸索的，在实践中才慢慢克服了刚开始的拘束。在与现在的妻子结婚后，我才有了能倾诉心中烦恼的对象。

“我现在只想和妻子一起平静度过余下的人生，也许是几个月，也许是几年。同时，我还想继续管理我们的公司。但我得自己负责推销、算账、管理和广告设计这些业务，因为其他人干不了。

“我对宗教的感情很特别。在我手术之后，我对上帝更加依赖了。我曾经常常哭泣，现在也是如此，一方面是出于我对妻子的爱和感激，另一方面是因为我对未来的生活充满焦虑。但我也常常怀疑上帝，因为他让我的生活变得如此艰难。我对教会没什么感情。

“我曾经一度看不到生活的乐趣，我希望，也必须重新找回生活的快乐。我必须冷静下来，更有计划地生活。我也要加深对妻子和周围的世界的了解。我想要生活，而不总是工作。”

积极心理治疗对中风和动脉硬化的认识

通常所说的中风也被称为卒中、脑出血或中风损伤。一方面指脑腔内大出血，另一方面也可以说是由于动脉硬化导致的脑动脉堵塞。由于脂肪、蛋白质和矿物质在动脉壁上异常淤积，导致动脉病态地硬化和变窄，这种病变被称为动脉硬化。对死亡原因的调查统计中，中风位列第三，排在心脏病和癌症之后。前联邦德国每年约有9万名中风患者，25%的患者在急性发作阶段死亡，其余患者中约有50%在五年之内因复发死亡。患者的平均年龄在65到70岁之间，但年轻人同样也会得中风。

动脉上分布着能扩张或缩窄血管的神经，这些神经能让人们的身体适应变化的外界条件，如安静的环境、身体劳累或气温的变化，这是不可或缺的。

在感觉负担时，中风患者倾向于保护和回避，同时也意味着在所有的生活领域的限制和约束。在身体/感官领域，通常对冲突的反应表现得非常激烈，因为这不是一种功能性的紊乱，而是某一功能完全丧失。

在成就领域，患者往往在刚开始时会选择逃避，随后会渐渐回避一切成就要求。在交往领域也可能出现退缩和孤立自我的现象，最后想象力也会受损。精神的视野在血管收缩的同时也越来越窄，人们常把这种状态称为僵化。

在中风患者接受的教育中，认识能力的发展占主要地位，爱的能力占次要位置。他们会很注意培养继发能力，如秩序、准时、服从、节俭和公平，原发能力则很少顾及，显然家长认为这些能力是与生俱来的。因为在与父母的关系中并没有看到爱的能力，所以孩子们也不能模仿学习。除了近亲，他们与别人的交往也受到限制。孩子不能认识其他人，不能去了解其他的生活方式和态度。他们在家里十分注重规矩，与此相比，对信仰问题的思考与讨论就没那么重要了。尽管如此，他们依然坚持定期去教堂，特别是本着遵循传统的精神，坚持其他能向外界显示其生活有序的礼仪。如果幻想太过不切实际，大人们就会说，“这简直是胡闹”或者“这可不行”。

许多俗语都描写了中风与身体和心理的联系。当遇到突如其来的不愉快事件时，会说“人被打蒙了”“一下子被击倒①”或者“被打得目瞪口呆”。沉重的心理负担下，人会感觉麻木或瘫痪。

来访者—咨询师的反馈

▶ T先生

T先生之所以需求心理治疗，是因为他实在不知道该怎么办了。

他在5个月内先后进行了15次话疗，从那以后他的健康状况有了明显好转，特别是交流能力有了明显的提高。

“我现在学会了，用积极的态度来看待消极的事情。‘急躁是心绞痛的朋友’这个说法让我震撼。比如，当我在高速路上开

① 德语中的中风是“Schlaganfall”，字面意思是“突然被击倒”。

车时，最快车速不会超过每小时120公里，而过去一般是每小时160到180公里。虽然我还是很想开得那么快，但那样的话，也许我早就出车祸了。另外，我发现很多人其实都将一些小事过于夸大了。

“我对待金钱和节俭的态度也有了很大转变。我学会了更加合理地对待财富，不再一味地看重金钱，过于节约。老天保佑，这场灾难没能彻底打败我，我还能在最后一刻解脱。”

▶ 心理治疗师

一年以来，T先生饱受失眠、丧失自信、生存焦虑和抑郁的折磨，因此他来到我的诊所进行治疗。他的情绪在经历了心肌梗死、几次中风和手术之后到达了最低点。不能再工作对T先生的打击太大，他只有在极度克制时才能感受到一丝快乐，事后他又会重新陷入抑郁中，甚至想要自杀。

T先生始终饱受焦虑的困扰，无法用语言表达他的寂寞、委屈和嫉妒。他意识到自己被成就原则所束缚，毫无摆脱的希望，于是就把所有的敌对情绪发泄到自己身上。他非常注重事业上的成功，每一次失败都会伤害他的自我价值，因此，感情上的高要求对他而言有特别的意义。他从父亲身上学到了准时、成就、秩序和服从等榜样。当生病的他在周围人那里得不到渴望获得的帮助时，他就会变得更加忧郁。

在治疗过程中，T先生认识到了生病为他创造的机会。他变得更加独立，在工作中也能更好地安排任务。现在，他能和员工们交流接触，关注到生活的其他领域。他能坚持自己应有的权利，也能公开与人竞争。他有很多发挥自己能力、想法和做法的事都得到了大家的支持与鼓励。

他的妻子也加入到了治疗当中，尽可能地支持和帮助他找到解决办法，克服折磨他的各种矛盾和冲突。

对于他身上成就和节俭这两个话题之间的联系，T先生总是一再表示惊讶。实际上起作用的是他身上突出的节俭纲领的各种表现形式，这涉及所有的生活领域。无论是对待自己健康的态度，还是与家人的相处方式，都受到这一节俭纲领的影响。与他人的交往以及在职业上的发展也同样受制于他的节俭观念。但是，与这种节俭观念相对的却是一个还并不明朗的未来。T先生看待问题十分片面，总是会刻意想起《想做的事还有很多》和《昂贵的节约》这两个故事。

经过30次谈话治疗后，治疗结束了。

因疾病失去身体的控制力时，您可以这样做

下列问题能帮助您更加深入地思考疾病的意义。

1. 您觉得自己已经思维僵化了吗？是什么事将您打倒了？您

能用其他俗语形容您的疾病吗？您从中学习到了什么？

2．您是在什么时候、从谁那里了解到您的病情的？

3．您是进行间歇训练或放松活动，还是采用其他的放松方法？

4．您是否尝试通过每天至少15分钟的脑部活动来保持您的思维能力？

5．您是否定时服用医生开的药物？您希望获得什么样的效果？它们可能会有哪些副作用？

6．您的工作对您的病情有何影响？疾病对您的工作又有什么影响？您对您的工作满意吗？

7．您是否在最近五年里经历过较大的工作变动？

8．为了避免自己逃避成就要求，您能拓展哪些继发能力？

9．您是否通过故事和民间哲言培养时间、信任、希望等原发能力，从而锻炼右半边大脑？

10．对您的伴侣、朋友、客人、亲戚、邻居和同事而言，社会交往有什么意义？您观察到了什么相同或不同之处？

11．您认为，其他文化圈的人们是如何进行社会交往的？

12．您能坦然地回顾过去、正视现实、面对未来吗？

13．您是否有兴趣发挥自己的创造力？比如音乐、绘画、做陶器、写作等。

14．对您而言，人生的意义是什么？比如目标、动力、人生规划、疾病和死亡的意义、来世等。

15．您能否将疾病看作是认识某些未曾体验过的领域的机会？（身体/感官、成就、交往、幻想/未来）

第二十章　别为不确定而困扰

一个伤心的女子，对失去、对未来而焦虑

Das Geheimnis des Samenkorns

死神的信号

一个男人和死神做了朋友。他对死神说："你是最成功的人，无论哪里你都能去。我有一个请求，请你在带我走之前告诉我。"死神同意了。有一天，死神对他说："明天我来接你走。"男人生气地说："你在开玩笑吧，你不是答应过我，要提前告诉我吗？"死神回答道："我已经暗示过你很多次了，但你一直不明白。当你父亲去世时，你没明白；你母亲去世时，你也没有察觉到我给你的消息；我先后带走了你的姐夫、邻居和朋友，但是你都视而不见。明天你就跟我走吧。"

第二天，死神带着他的朋友来到了天堂，让他看看之前已经死了的人。他们都大叫着："你为什么不早点告诉我们？我们本来还可以做那么多事儿。"死神说："你看，人们是怎么对待我给他们的信号的。"

——波斯故事

神经质人格的失去悲伤

45岁的U女士留着金红色的头发，一双亮晶晶的蓝眼睛。我见到她的时候，她穿着一件朴素的连衣裙，脸红红的。她讲述烦恼的时候，也总是红着脸。U女士说话的声音很低，即使没有流泪，她的一双大眼睛也总是湿漉漉的。

▶ 第一次谈话

U女士："我神经紧绷，记忆力下降得厉害，还饱受严重的头痛、失眠和背痛的折磨。我心情抑郁又焦虑，对自己完全没有信心。每到晚上和周末，我的感觉就很不好，什么也做不了。我很少有机会和别人交流，这让我很难受。"

心理治疗师："您把您的状况和各种症状都描述得非常详细。您可能知道，其实每件事都有特别的意义，那我们就来试试看能否从这个角度分析您的病情。您刚才提到了您的神经质、记忆力衰退、头痛、失眠、悲痛、抑郁和焦虑。

"您的神经质可以看作是一种面对生活中的事件马上做出反应的能力，您的记忆力衰退说明您具有一种不强求将所有发生的事情都记住的能力。

"头痛说明您能思考焦虑和冲突。您听过这些话吗？比如绞尽脑汁、没头没脑、让人头大或者庸人自扰。

“您的失眠表明您很警觉；背痛体现出您很有勇气，处变不惊，有顺时应变的能力；焦虑说明您办事认真，有着明确的目标和设想。

“您的忧郁说明您能以最深切的感情回应问题和冲突，同时您又表现出与别人交往的需求。有一句俗语，世界上一切的悲哀莫过于寂寞。”

U女士：“确实是这样。”

从不同角度的解释启发了U女士应注意到自己不同的反应方式，区别地看待和分析自己的问题，并以此为出发点，冲破现在所处的恶性循环。

▶ 治疗过程

第二次谈话中，U女士告诉心理治疗师：“我的脑子里只有自己的病情和烦恼，其他的什么也看不到。您讲的故事和举的例子让我豁然开朗，我突然意识到自己也能如此自由，关键在于得培养这样的意识。我现在明白了，这些年来我生活在沉重的压力之下。”

心理治疗师：“为了治好您的病，您迄今为止都做了些什么？”

U女士：“除了找家庭医生看病之外，我什么也没做。多年来的压力像雪崩一样完全把我压垮了。”

心理治疗师：“请您想想，最近五年里，您的身体健康、工作、家庭和社会生活方面都遇到了哪些事情？”

U女士：“身体上的问题刚才已经说过了。我生病已经很多年了，最近三年来病情恶化得很快。至于工作方面，我的工作很辛苦。自从两年前公司调换了岗位后，我觉得很不适应。上司总是挖苦我，有重要的事情也不会通知我，有任务也不告诉我具体的要求。我不知道自己工作的意义究竟是什么，上司也很少和我商量或讨论。虽然他对我的工作成果很满意，可我心里还是很忐忑，越来越紧张，我害怕在公司被辞退。”

心理治疗师：“您的家庭情况如何？”

U女士：“六年前，我和同居17年的男友分手了。我们没有结婚，一起出资买了一套房子。我们的关系逐渐变得冷淡了，在我得知他出轨后，我就搬走了。一年以后，父亲患上了很严重的癌症，他动了手术又在医院住了很久。紧接着，妹妹又因乳腺癌做了手术。一年之后，母亲又突然去世了，当时我正在外地出差。又过了一年，我的工作在内部调动了，我还出了一次严重的车祸，那辆车完全报废了。”

心理治疗师：“请您想一想，您损失了多少，或者可能会面临多少损失。在您的童年，您有过什么类似的经历吗？”

U女士：“有的，我想想，大概是从妹妹出生后不久。她比我小一岁，刚生下来的几周老是生病，于是和我们生活在一起的奶奶就把我接过去了，把我看作她的孩子，她在我三岁的时候去世了。我还有第二个父亲，是我父亲的一个战友，他住在我们家，因为他已经没有亲人了。妈妈告诉我，小时候的我一直自豪地说我有两个爸爸，而妹妹却只有一个。姥姥也住在我们家，她是个非常和蔼可亲的女人，很有耐心。奶奶去世后，我就和她生活在一起了。我记得，从妹妹上学的第一天起，我们就在奶奶的房里睡觉了。我12岁时姥姥也去世了，17岁时干爹病逝，21岁时我离开了父母的家，去往一个陌生的城市独立生活。当我意识到我所学的专业找不到工作后，我又去学了别的技能，上了很多培训课和学习班，最终我有了今天的成就。”

心理治疗师：“您从很小的时候就经历了这些悲伤，您是怎样承受的呢？”

U女士：“您这样问，我才发现我根本没有意识到这一点。实际上，我一直在忍受这一切。这些年来我总觉得自己很坚强，我对自己说我能坚持。我的工作填补了我的生活，它给了我安慰和支持。”

心理治疗师：“就像您刚才说的那样，现在请您再想想最近六年内发生过什么事情以及您的工作状况。您如何看待自己的问题？”

U女士：“我现在明白了压力是从何而来的。老实说，我还没有考虑过关于死亡的问题，我很害怕自己会面对这些。一想到我的身体会渐渐地腐烂发臭，我就觉得很恐怖。”

心理治疗师给她讲了《死神的信号》这个故事，让她把这个故事当作作业带回家去思考。这个故事用象征的手法表现了U女士不愿意正视自己生活中的现实，只沉溺虚幻的假想之中的心态。她从故事的主人公身上看到自己的影子。从那之后，她没有再把那句“我真是糟透了”挂在嘴边，而是尝试实事求是地描述自己的实际情况。

积极心理治疗对悲伤和死亡的焦虑的认识

当一个人必须同某一个即将消失的人、一种关系、一种设想或期待告别时，会产生悲伤的情绪。这是一个痛苦的过程，随之而来的，是无法满足的渴望。

对于患有焦虑症的患者而言，学会感受渴望、思念、悲哀及各种矛盾的感情冲动，同时不陷入绝望之中是非常艰难的过程。

在悲伤中，活着的人首先试图否认和掩饰亲人去世的事实，甚至希望他能死而复生。正常的悲伤会随着时间的逝去而冲淡，不正常的悲伤会一直存在，直至心力交瘁。

每个人都会遇到死亡，也必须面对死亡，这是我们共同的命运。出生和死亡是每个人命中注定的。然而，我们对死亡，这一注定的命运的态度不尽相同，因为我们接受的教育、过往的经验和所处的文化环境是不同的，它们会深刻影响着我们的态度。一切宗教，不管它们之间的差异有多大，它们都在探究人类起源的奥秘，也就是说，探究生与死、善与恶、公平与痛苦以及未来，也就是死亡和来生。

今天，技术的发展为人们提供了新的机会和可能，对我们来说似乎已不存在什么不可企及的梦想和不可达到的目标。按一下按钮，技术仪器就可以运转，损坏了也可以修理。人生病了，医学和药物帮助治疗。那些无法行使社会功能的人，比如病人和残疾人，常常生活在社会的边缘，他们也会主动规避社会。表面上看死亡这个话题不属于日常生活，可以搁置一边，但是这样造成的后果就是人们对死亡更加焦虑，从而产生世界观方面的危机和各种生存焦虑，继而人们会选择逃避到成就和运动中，甚至是疾病中。

当一个人获悉自己的生命已经时日无多，每个人的反应都会迥然不同，正如人和人之间本来就有着天壤之别。一些人能正确地对待各种焦虑氛围和忧郁，所以他们能平静地度过生命的最后几天或几个星期，而另一些人不愿意面对这一事实，他们的不满会对家人和服务人员造成极大的感情压力。

与四个生活领域相对应，人对死亡的焦虑也包含着四个范围。

1. 害怕疼痛与折磨。
2. 害怕丢掉工作，无法自立。
3. 害怕同爱人分别，害怕成为家庭的负担。
4. 对自己的未来感到担忧。

与处理冲突的四种可能性一样，每个人也都会经历下面四个阶段。这些阶段相继出现，前后没有明显的界线。但是，这些阶段并不是对每个人都同等重要。它们能帮助我们在治疗过程中理解患者和他们的反应。

▶ 否认阶段

患者意识到自己得了不治之症，不久之后可能会死亡。这一阶段是他们最迫切需要建议和支持的时候。他们会在感情上努力与死亡和焦虑做斗争，但他们经常会否认病情的严重性，最后只会绝望。

▶ 愤怒

接下来的这一时期患者会产生极强烈的愤怒。他们会想：为什么偏偏是我得病？我做错了什么？患者常常会对周围健康的人感到愤怒。

▶ 孤独与负罪感

患者会陷入寂寞与负罪感之中，开始出现抑郁症状。

▶ 强烈的悲哀

在第四个阶段，患者会为过去遭受的所有损失、所有做过或者没做过的事、犯过的错误、工作和家庭的未来感到悲伤。他满脑子都想着，如果没有了他，以后会变成什么样。他开始同一切所爱之物告别，接受自己的命运。

根据积极心理治疗模式，每个人都有4种用来处理冲突的领域。当人们将之运用到与重病患者的沟通交流中时，以下的几个方面变得十分重要。

1. 患者的年龄以及身体遭受的折磨；
2. 患者对家庭的未来以及经济问题的担心；
3. 自己与患者交流的经验；
4. 自己与患者的宗教信仰。

来访者—咨询师的反馈

▶ U女士

“原来我生病是有意义的，这让我很惊讶。我曾经在多少个夜里无法入睡，吃了多少药都没有好转。您一开始对我生病的积极解释让我诧异，但我想这激活了我的想法。

“对我来说，区分注定的命运和可以改变的命运非常重要，尤其是能从这么多方面来讨论死亡。我过去常常与患者一起熬过您说的这四个阶段，而现在我能比较从容地对待这些。您讲的故事对我的帮助很大，它让我如梦初醒，让我明白我是如何深陷痛苦之中不能自拔。

“在我向您描述了我对死亡和衰老的焦虑后，您的比喻对我很有帮助。从那以后，我总是想起您的话。您当时问我晚上是否穿着衣服睡觉，我很惊讶，不知道您提这个问题是出于什么目的。我回答说，晚上我会把衣服整整齐齐地挂到衣柜里。您回答，虽然我把自己平常的外壳挂进了衣柜，但我看起来感觉还不错。既然我们身上裹着许多外壳，那么我们能否想象躺在棺材里的只是我们的外壳，就像挂在衣柜里的衣服？

“这个比喻我很受用，觉得自己的内心渐渐平静了下来，我从来没有过这样的想法。现在我意识到，健康、积极、幸福的生活有多么重要。即使马上面对死亡，也远比在困惑、痛苦和悲伤中度过漫长的一生更有意义。”

▶ 心理治疗师

U女士身上的抑郁情绪源于强烈的悲哀和身体的疼痛。一方面是缺乏安全感，另一方面则是不断地逃避。她希望自己能幸福，没有疾病、损失和死亡，所以总是逃避到工作和幻想当中。

从这个角度上说，伴侣、父母和朋友都无法帮助她。当U女士即将迈入自己的职业生涯时，她曾担心，一旦开始工作，自己就会变成父母那样，而她并不认同父母。

治疗是在五级心理治疗与自疗的框架内进行的，通过解释神经心理学方面的知识和引入死亡这个无所不在的话题，她觉得别人能理解自己了，知道了治疗的方向，也认识到了思考死亡的重要性。

在她学会区分可以改变的命运（对死亡和损失的态度）和注定的命运（死亡）之后，我问她对死亡有什么想法。我提到了比如心肌梗死、中风等疾病，还有突发事故、患上癌症或多发性脑脊髓硬化导致的瘫痪等例子。她最初大吃一惊，因为她没想到会有这样的问题，而后她产生了兴趣。到下一次谈话时，她列了一张约有15种疾病的单子，简要说明了她对每种疾病的态度。

最后她得出结论，她不能确定自己希望死去的方式，必须将这留给上天决定。鉴于她将死亡造成的损失视作一种不公平，我们便结合死亡的话题对公平和信仰的现实能力进行了讨论和分析。同时，我给她开了抑制抑郁的药物作为辅助治疗。

我还和U女士一起讨论分析了一些诺贝尔奖获得者关于死亡的想法。此外，还涉及她在交往方面的问题，她过于强调秩序，几乎不和别人来往。后来，她能为自己设定今后几天、几个星期、几个月乃至几年的计划了。25次谈话后，她明白了疾病的意义："宁可充实、有意义地生活、工作和死去，也不要一生处在焦虑之中，害怕死神将我带走。"

面对无法避免的失去时，您可以这样做

下面的问题能帮助您了解焦虑和抑郁的不同方面。

1．您怎样看待这些话：“焦虑给人安全感”（莎士比亚），“焦虑有其特殊的意义”（莱辛），“学会了死亡的人就不再是奴隶”（塞内加），“忧愁让人老得更快”？您还知道哪些名言或形象的比喻？

2．面对焦虑、不安和冲突，您的身体会出现相应的症状吗？

3．您很难放松自己吗？

4．您晚上什么时候上床睡觉？是翻来覆去睡不着还是能一觉到天明？

5．您早上醒得很早吗？“一日之计在于晨”这句话对您有何意义？您常常在早上感到不适吗？

6．您是否有头痛或脖子痛的问题？您有这些症状吗？比如发抖、发痒、突然晕眩、出虚汗、心脏狂跳、腹泻等。

7．您是否觉得自己反应迟钝？

8．您因食欲不振而体重减轻吗？

9．您的抑郁应归咎于身体的疾病，还是惯用的治病方法？

10．您受过体罚吗？

11．您生病时，父母对您的态度如何？别人是否忽视过您的病情？您是否受到照顾，成为众人关注的中心？您觉得生病了也应该尽可能地不卧床休息吗？

12．您是否定期服用医生所开的药物？您知道这些药物有何作用吗？您期待它们会产生什么样的效果？它们又有哪些可能的副作用？

13．您和伴侣谁更注重勤奋和成就？

14．您是否满意现在的工作？您在工作中投入了很多精力吗？您选择的是您梦想中的工作吗？

15．您害怕在工作中失败吗？您是否会坚持自己的观点？当受到批评或不为别人所认可时，您有何反应？从前您必须做出哪些努力才能得到父母的认可和爱？

16．当您生病、满怀焦虑和抑郁时，伴侣对您态度如何？伴侣是否精心照顾您？您是否觉得对方不理解您的问题？

17．您和伴侣之间是否存在矛盾？这些矛盾是否已持续多年？“冰冻三尺非一日之寒”，这些矛盾最后导致了焦虑、抵触情绪和抑郁吗？这些矛盾出现在哪些领域？

18．您和伴侣谁更擅长交际？

19．您小时候是否经常和人接触，或者您更喜欢独处？

20．如果您的父母邀请客人到家里做客，他们是否允许您待在旁边参与大人的活动？

21．您是否缺少交往和感情上的温暖？

22．当您面对不可回避的社交任务时，您是否觉得有负担？

23．您的焦虑是否与外部现象、性交能力、社会孤立和日常琐事，比如秩序、准时、清洁或节俭方面的琐事有关？

24．您愿意接触的人必须满足哪些标准？

25. 即使有时会得罪别人，您也会坚持自己的观点？

26. 其他文化圈的人们如何对待疾病、失业、分离、离婚、痛苦、死亡以及随之而来的焦虑和抑郁？您对此有了解吗？

27. 您是否觉得自己无精打采？您是否对其他事情毫无兴趣？

28. 您是否不够自信？

29. 在过去的几年里，您是否不得不承受一系列沉重的打击？是哪些打击呢？您又是如何应对的？

30. 您觉得累积的琐事和微小创伤是命运给予的不可避免的打击吗？

31. 您是否认为所有发生在您周围的事都证实了人生的无意义、不公平、毫无希望和充满罪恶？

32. 您是否觉得自己难以达到日常生活的要求，变得多余？

33. 您是否因为找不到意义和可追求的目标而对未来充满焦虑？

34. 假如您摆脱了焦虑和抑郁，您想做些什么？

35. 您能否将疾病看作是认识某些未曾体验过的领域的机会？（身体/感官、成就、交往、幻想/未来）

第二十一章　衰老是不可避免的

一位77岁的男子，对青春不在的焦虑

Das Geheimnis des Samenkorns

永恒的生命

很久以前，一位国王在巡视他的领地。在一个山坡的阳面，国王看见一位弯腰驼背的可怜老人正在干活。在大批侍卫的跟随下，国王走上前，发现老人正把仅仅生长了一年的嫩枝插进土里。

国王问道："你在做什么？"

老人头也不抬地回答说："我在栽枣树。"

国王非常惊奇，说："您已经这么大把年纪了，为什么还在这里栽树？您看不到它长出的树叶，不能在它的树荫下乘凉，也吃不到果实。"

老人抬起头来说道："以前的人种了树，收获果实的是我们。同样，我们现在种树，是为了让我们的后代来收获。"

国王听了这话非常高兴，就赏赐了老者一块钱币。这位年迈的老人跪下来感谢国王。

国王又问："你为什么向我下跪？"

老人回答道："我不仅感受到了栽树的快乐，而且它们已经带来了果实，就是您赐给我的这枚钱币。"

国王听了这句话又眉开眼笑，于是他又给了老人一块钱币。老人又跪了下来，说道："大多数果树只结一次果，而我已经收获了两次。"

国王微笑着问道："你多大年纪了？"

老人回答道："我12岁了。"

国王很震惊："这怎么可能呢？你的胡须和头发都已经花白了。"

老人回答："在先王统治的那些年里，国家连年战争不断，百姓担惊受怕，苦不堪言，所以那些年不能算作我生命的一部分。自从您登基以来，人民安居乐业，生活幸福美满。距离您登基只有区区12年，所以我只有12岁。"

这话让国王心花怒放，他又赏给了这位长者一块钱币。

国王说："我现在必须走了。如果我再继续听你讲下去，我会把所有的财富都送给你。"

——改编自巴哈伊教长阿博都-巴哈的布道

未雨绸缪型人格的晚年人生

W先生看起来非常镇定，但还是有一丝着急。他表现得非常友好，不太想麻烦心理治疗师，于是简明扼要地描述了自己的状况。有趣的是，他看起来十分胸有成竹，并很快表达了对心理治疗师的信任。

▶ 第一次谈话

W先生：“我为自己的未来担忧，比如退休后，我如何保障经济来源？我的身体会不会出现问题？我有没有可能生场大病，一病不起？我对所有的一切都太过看重。即便是日常琐事对我来说都有可能变成严重的威胁。”

心理治疗师：“您年纪这么大了，还在为未来考虑，我觉得您非常了不起，是个未雨绸缪的人。”

W先生：“正因为如此，我的妻子老觉得我不正常，说我老是瞎担心，自寻烦恼。”

心理治疗师：“这就要看您担忧的程度、主要想些什么问题和想要达到的目的了。”

说到这里，心理治疗师给W先生讲了下面这个笑话。

有个人每天要弹6小时的钢琴。朋友问：“为什么要弹这么长时间，还天天如此？”这个人回答道：“这就要看我想达到什么目标了。”朋友继续问道：“那你想达到什么目标呢？”这个人回答：“我想让我的琴声到达旁边的那座房子里。”

W先生：“这个故事真有趣。”

心理治疗师：“您现在多大年纪了？是什么时候退休的呢？”

W先生：“我现在77岁了。12年前我就逐渐从工作中退休了。我和妻子卖掉了我们的房子，搬进了我们在城里购买的房子里，我也卖掉了我在公司的股份，放弃了所有职务。”

心理治疗师：“您的身体有哪些不适症状？”

W先生：“从12岁起，我就手抖，这可能是天生的。最近我的手抖得越来越厉害，特别是当我觉得人家在看我，或者在社交场合里想举起酒杯或拿起茶杯的时候，所以我现在干脆不去这些地方了。有时在我写字的时候手也会抖。我的血压也不太稳定，忽高忽低，还有一些并发症，比如总是觉得头晕、耳鸣、注意力不集中、失眠和心情浮躁。我很喜欢看书，但我现在根本看不下去。”

心理治疗师：“您是否想过有关死亡的话题？您是否相信再生？”

W先生：“我知道所有的生命都是有时限的，总有一天我也会死亡。我担心的不是最后的结果，而是死前的情况，尤其是长期的卧床和精力衰退。我还担心，我死后，我的妻子能否得到足够的照顾。”

心理治疗师给W先生讲了《永恒的生命》，询问他听完这个故事后的想法。这个故事好像打开了他的话匣子。

▶ 治疗过程

W先生和他的妻子依据五级心理治疗的模式接受治疗。

第一级治疗的目的是让患者意识到生活的积极面。通过回想过去来减轻他的内心负担，证实他的自我价值。

第二级是让患者做总结。在仔细分析收支情况的基础上，明确自己的经济状况。

第三级是情景鼓励。在患者伴侣在场的情况下，一起讨论工作上的成就问题。

第四级语言表达阶段弄清了他与妻子及其他人相处中的矛盾。其中下列现实能力起着关键的作用：礼貌、诚实、交往、节俭和希望。

第五级目标拓展对W先生来说卓有成效。他对年龄、未来、死亡和再生的焦虑变得具体，也能用语言描述出来，从而认识到焦虑的积极方面。他发现自己太过于注重成就，所以在有缺陷的领域产生了焦虑。

《昂贵的节约》这个故事始终伴随着他，在心理治疗师和患者的关系中起着桥梁的作用。

本章结尾处的问题鼓励他认可并接受妻子的观点，将其视作是对自己思维的拓展，除此之外，他还要努力平衡生活的四个领域。

积极心理治疗对晚年困惑的认识

与东方的某些传统文化不同，晚年在西方通常被视作是消极和负面的。体力下降、疾病、新陈代谢紊乱、失去工作、社会性孤立和无望情绪等都会对人的生活感悟产生影响，而后者反过来又会作用“体我感”。

老年人习惯寻找人生的意义，尤其是在离异或配偶去世之后，他们思考这个问题，并从中找到令自己信服的答案。通常来说，他们会从以下两个方面入手：首先是自己的身体。由于年龄的增长或疾病的影响，身体会发生变化，这不仅是困扰他们多年的问题，也是他们无数次求助医生的原因。他们将身体出现的问题作为借口，以此获得他们想要得到的社会交往和任务。

第二个方面则是公平问题。当人们在家庭或工作中产生一种不被需要的感觉时，这个问题就会出现。根据观察，很多上了年纪的德国人，从青年时期就尤其关注成就和身体领域，而很少注意到与人生意义相关的交往和幻想领域。无论是社会还是个人都不会关心衰老的积极方面。随着科学技术的迅速发展，实际的生活经验不再有意义，人们也不再重视代代相传的经验与知识，这一切令人扼腕叹息。此外，如何与老人共同生活的话题里也存在着各种各样的社会问题和个人问题，这也导致在西方文化圈晚年生活成了特殊又值得关注的问题。

关于衰老，我们可以从不同的家庭观念中得出重要的结论。

在西方文化中，过于强调的独立导致诸如“我不想成为孩子的包袱”等反应，但这往往与实际情感需求和愿望相悖。“我一旦退休，那我就……”这样的想法会让人陷入一种无望的空虚之中。而实际上，我们在很早之前就开始为衰老做准备了。

- 那些很早就注重健康生活并规避风险的人，身体出现问题的概率要小得多。
- 那些在工作之余就找到了爱好的人就不会无所事事。
- 那些常与同事、邻居以及朋友来往的人在晚年也不会孤独，不必只期待着和家人交流。
- 那些真切考虑过自己晚年还拥有能力和可能性的人，很少会面临焦虑和抑郁的困扰。

来访者—咨询师的反馈

▶ W先生和妻子

W先生：“我对未来充满焦虑，导致我不能对自己曾经取得的成就感到满足，但我也没有脚踏实地地生活，这可以从我和妻子的冲突中看出来。她是一个天性快乐、好动且上进的人，我则越来越退缩。可怕的是，我自己并没有意识到这一点。我不会邀请别人到家里做客，从不去旅行，这一切都是为了节约。”

W先生讲了小时候与父母一起在两次世界大战间的经历。

“我现在意识到我的能干、认真、秩序、观念和准时，即所谓的普鲁士品质，帮助我在战后从头开始。我还担任了几个名誉职位，在各个协会中的工作也做得不错。现在我有机会在妻子的帮助下关注到第三个领域，即交往，为人生最长的旅行做准备。”

妻子：“我丈夫退休以后，我简直没法和他一起生活。他在家里一刻也不能闲着，到处找活干，如果我反对，他就很生气。他就像是家里的一个暴君，甚至在我擅长的领域他也想知道得更多，好超过我。

“和您交流之后他比从前随和多了，我觉得直到现在我才能真正和他交流，说出自己的想法和主意。

“他的手抖也比过去好多了，说起未来的事也没那么紧张了。他现在能和我一起出门，干点儿什么别的事情，虽然这对他来说还是有难度的。

“您说的四个生活领域和《永恒的生命》的故事值得我们好好思考。我们很惊讶，因为我们在很多不同的问题上都能达成一致。从我丈夫能正视死亡开始，他的心态就平和多了，人也没那么紧张了，不再像从前那样总是为未来担忧。”

▶ 心理治疗师

W先生的例子表明，即使一个人上了年纪，也能重新全面地看待自己，找到努力的方向。W先生在交往、幻想/未来领域的关注让他在身体和成就领域获得了放松。他的身体状况有了明显的好转，对于失败的焦虑也得到了缓解。

当你也担心青春不再时，您可以这样做

下列问题不仅帮助了W先生，也能给予其他中老年人必要的指导和启发。

▶ 身体/感官：“体我感”

1. 您注重身体保养、穿搭和发型吗？

2. 您会通过做体操、远足、游泳或其他体育活动来保持活力吗？

3. 您常做深呼吸吗？

4. 您是否通过放松、运动、瑜伽、苦行的宗教哲学或其他锻炼方式来放松自己？

5．您会注意自己饮食的种类和数量吗？

6．吃饭对您来说是联络感情和结交朋友的机会吗？

7．您是否遵循自己的节食规定？

8．您的消化系统怎么样？

9．您的睡眠是否规律（睡觉和起床的时间）？

10．您是否注重肢体接触和亲昵的表示？您与谁有这类接触？

11．您是否有性生活？如果没有，您是没有机会，还是没兴趣？

12．当您觉得难受时，您会怎么办？您会吃药吗？

13．您是否经常放松自己？

14．您是积极的人，还是消极的人？

▶ 成就：保持积极的能力

成就标准的突出方式以及这些标准在自我纲领中的体现都属于这一范畴。理智可以让人们更有系统性和针对性地解决问题，提高自己的效率。

1．业余时间，您都做些什么事情？

2．您有爱好吗？

3．您觉得自己还有能力做一些有意义的事吗？

4．您有兴趣学习新的东西吗？比如语言或技能（制作陶器、做珐琅工艺品、蜡染）。

5. 当别人在学习或工作上遇到了问题时，您能否根据自己的经验帮助别人，比如帮孩子们做家庭作业。

6. 您能组织某项活动吗？比如组织旅行、办展览或做报告会等。

▶ 交往：建立和维持人际关系的能力

1. 对那些您愿意来往的人，您特别注重哪些现实能力？比如秩序、清洁、准时、礼貌、诚实、忠诚、耐心、可靠、信任、希望、温情、性欲和宗教等。

2. 您对以上哪些现实能力较为敏感？也就是说，以上哪些可能会对您的社会交往造成困难或形成阻碍？

3. 您的这些想法从何而来？是谁教您的？

4. 您同家人的关系怎么样？

5. 您会自己主动与旧时的朋友联系吗？

6. 您会同其他同样孤独的人一起做点儿什么，或成立某种组织吗？比如成立一个爱好俱乐部。

7. 您会通过交流的方式为他人提供帮助吗？比如为父母是双职工的孩子辅导作业、帮助他们照顾婴儿等。

8. 您会参加某个协会、居民自发组织、教会组织或党派组织的活动吗？

▶ 幻想/未来：憧憬未来的能力

1．您的幻想主要涉及哪些方面？如身体、职业、交往、哲学和世界观方面的问题。

2．您对当下和未来有可以付诸实践的计划吗？

3．您是否从事有关音乐、绘画、雕塑、文学方面的活动？是主动的还是被迫的？您最喜欢的作家是谁？

4．宗教在您的生活中有什么作用？

5．您生活的意义是什么？疾病与健康的意义又是什么？

6．您思考过有关死亡的话题吗？

7．您相信死后有来生吗？

8．您有没有为环境（空气、土壤、植物、动物）做出贡献？您是否积极参加环保活动？

9．您是否关心政治？

10．您认为世界和平能实现吗？您能为此做些什么？

11．您对人类大团结的问题有什么看法？这是您的一个目标吗？您想过怎么样实现这个目标吗？

12．您能否将疾病看作是认识某些未曾体验过的领域的机会？（身体/感官、成就、交往、幻想/未来）

结　语

在许多时候，患者的处境就像一个长时间单腿站立的人。用不了多久，他的肌肉就会开始抽筋，支撑全身重量的那条腿也开始酸痛，他几乎不能保持平衡。全身的肌肉也会因为奇怪的姿势而焦虑和抽搐。痛苦会变得难以忍受而开始大叫救命。

帮忙的人应声而来。在他继续单腿站着时，第一个人为他按摩那条已经不堪重负的腿，第二个人按摩他僵硬的脖，第三个人眼见他要摔倒了，赶紧用自己的胳膊支撑住他。围观的人群中也在提出一些建议，劝他用上两条腿，那么站着就不会这么难；一个聪明的老人建议他和没有腿的人比比，现在的他应该知足了；还有一个人很有把握地建议他，把自己想象成一根羽毛，越全神贯注，痛苦就会越小；另一个看起来阅历颇深的老者善意补充道，车到山前自有路，船到桥头自然直。

最后，有一个人从人群中走到那位受折磨的人面前，问他："你为什么非要一条腿站着？把你另一条腿伸直，站好，不就行了。"

造成焦虑和冲突的根源是某种能力受到压抑或过于突出，这会导致精神和身心方面的紊乱。这些冲突是可以解决的，只要我们认识到它源于我们的生活。它们不一定是无法躲避的，我们可以努力尝试去解决这些问题。

谢 词

在我从事心理治疗和身心医学的研究过程中，我的同事、患者和培训班的学员给了我许多知识和启发，在此我表示诚挚的谢意。书中的病例是我从多年的个人、家庭和小组心理治疗中收集整理而成。为了保护患者隐私，我对患者的姓名、身份和社会背景等信息做了改动。

感谢我的同事英格丽特·霍夫曼女士，她在我的写书过程中给予了多方面的支持和帮助，对此书的结构提出了宝贵的建议。我要特别感谢海德堡斯普林出版社的伊尔·沙韦廷女士，感谢她对书稿的兴趣，感谢她的积极合作与对我的鼓励。感谢我的工作人员克里斯安纳·米勒女士和卡琳·埃尔斯纳女士在誊写工作中展现出的热情、认真和一丝不苟。最后我要感谢我的妻子玛尼耶（一位家庭心理治疗师）、我的儿子哈米德和纳维德（他们分别是精神病科心理治疗师和心理治疗师），以及他们的妻子芭芭拉和希达，他们都给予我许多建议和启发。

在这里，我还要特别提到所有鼓励和支持我在理论和实践方面继续深入研究的学者和同事。他们是：医学博士R.巴特盖教授（巴塞尔［瑞士］），医学博士G.本尼德蒂教授（巴塞尔［瑞士］），医学博士K.乔克教授（法兰克福［美茵河畔/德］），博士、名誉博士E.孔茨教授（韦茨拉尔［德］），医学博士P.库特教授，医学博士H.J.莱茵多尔夫教授（巴特霍姆堡［德］），医学博士U.贝斯曼（威斯巴登［德］），赫尔佐克院长（蒙塔堡［德］），医学博士W.霍恩曼，W.凯勒（法兰克福［美茵河畔/德］），医学博士M.波波维克（法兰克福［美因河畔/德］），医学博士H.罗特克（富尔达［德］），医学博士D.舍恩（累根斯堡［德］），医学博士A.雷斯特（奥尔滕堡［德］），教育学硕士G.许布纳先生（朗根海恩［德］），医学博士H.松伯约克女士（达姆斯塔特［德］）及医学博士Ch.霍恩舒次女士（威斯巴登［德］）。

本书关注的是各行各业以及各个年龄段受紧张困扰的人们。我的另外几本书如《新生医学和积极心理治疗》《积极心理治疗》《日常生活中的心理治疗》《商人与鹦鹉》则主要讨论了心理治疗方面的各种问题和自助的方法，它们相辅相成，互为补充。因此，在本书中可以找到我在以前的出版物中已经介绍过的某些用以克服焦虑状态的纲领和方法。

附表A 汉密尔顿焦虑量表（HAMA）

汉密尔顿焦虑量表（Hamilton Anxiety Scale，HAMA）由Hamilton于1959年编制。它是精神科临床中常用的量表之一，包括14个项目。

1. 焦虑心境：担心、担忧，感到有最坏的事情将要发生，容易激惹。

2. 紧张：紧张感、易疲劳、不能放松、情绪反常，易哭、颤抖、感到不安。

3. 害怕：害怕黑暗、陌生人、一人独处、动物、乘车或旅行及人多的场合。

4. 失眠：难以入睡、易醒、睡得不深、多梦、梦魇、夜惊、醒后感到疲倦。

5. 认知功能或称记忆、注意障碍：注意力不能集中，记忆力差。

6. 抑郁心境：丧失兴趣、对以往爱好缺乏快感、忧郁、早醒、昼重夜轻。

7. 肌肉系统症状：肌肉酸痛、活动不灵活、肌肉抽动、肢体抽动、牙齿打战、声音发抖。

8. 感觉系统症状：视物模糊、发冷发热、软弱无力感、浑身刺痛。

9. 心血管系统症状：心动过速、心悸、胸痛、血管跳动感、昏倒感、心搏脱漏。

10. 呼吸系统症状：胸闷、窒息感、叹息、呼吸困难。

11. 胃肠道症状：吞咽困难、嗳气、消化不良（进食后腹痛、胃部烧灼痛、腹胀、恶心、胃部饱感）、肠鸣、腹泻、体重减轻、便秘。

12. 生殖泌尿系统症状：尿意频数、尿急、停经、性冷淡、过早射精、勃起不能、阳痿。

13. 植物神经系统症状：口干、潮红、苍白、易出汗、易起“鸡皮疙瘩”、紧张性头痛、毛发竖起。

14. 会谈时行为表现：（1）一般表现：紧张、不能松弛、忐忑不安、咬手指、紧紧握拳、摸弄手帕、面肌抽动、不停顿足、手发抖、皱眉、表情僵硬、肌张力高、叹息样呼吸、面色苍白；（2）生理表现：吞咽、打嗝、安静时心率快、呼吸快（20次/分以上）、腱反射亢进、震颤、瞳孔放大、眼睑跳动、易出汗、眼球突出。

（一）项目和评定标准

HAMA所有项目采用0—4分的5级评分法，各级的标准为：

（0）无症状；（1）轻微；（2）中等；（3）较重；（4）严重。

汉密尔顿焦虑量表（HAMA）					
	无症状	轻微	中等	较重	严重
1. 焦虑心境	0	1	2	3	4
2. 紧张	0	1	2	3	4
3. 害怕	0	1	2	3	4
4. 失眠	0	1	2	3	4
5. 记忆或注意障碍	0	1	2	3	4
6. 抑郁心境	0	1	2	3	4
7. 肌肉系统症状	0	1	2	3	4
8. 感觉系统症状	0	1	2	3	4
9. 心血管系统症状	0	1	2	3	4
10. 呼吸系统症状	0	1	2	3	4
11. 胃肠道症状	0	1	2	3	4
12. 生殖泌尿系统症状	0	1	2	3	4
13. 植物神经系统症状	0	1	2	3	4
14. 会谈时行为表现	0	1	2	3	4
总分合计					

（二）结果分析

1. 总分：能较好地反映病情严重程度，量表协作组曾对230例不同亚型的神经症患者的HAMA总分进行比较，神经衰弱总分为21.00，焦虑症为29.25，抑郁性神经症为23.87；因此，焦虑症状是焦虑症患者中的突出表现。该组病人为一组病情程度偏重的焦虑症。

2. 因子分析：HAMA仅分为躯体性和精神性两大类因子结构。躯体性焦虑：由肌肉系统症状、感觉系统症状、心血管系统症状、呼吸系统症状、胃肠道症状、生殖泌尿系统症状、植物神经系统症状等七项组成。

通过因子分析，不仅可以具体反映病人的精神病理学特点，也可反映靶症状群的治疗结果。

3. 按照全国量表协作组提供的资料，总分超过29分，可能为严重焦虑；超过21分，肯定有明显焦虑；超过14分，肯定有焦虑；超过7分，可能有焦虑；如小于6分，病人就没有焦虑症状。一般划界分，HAMA14项分界值为14分。

（三）应用评价

1. 信度：评定者若经10次以上的系统训练后，可取得极好的一致性。我们曾对19例次的焦虑症患者做了联合检查。两评定员间的一致性相当好，其总分评定的信度系数r为0.93，各单项症状评分的信度系数r为0.83—1.00，P值均小于0.01。

2. 效度：HAMA总分能很好地反映焦虑状态的严重程度。36例焦虑神经症的病情严重程度系数为0.36（$P<0.05$）。

3. 实用性：本量表评定方法简便易行，可用于焦虑症，但不大宜于估计各种精神病时的焦虑状态。同时，与HAMD相比较，有些重复的项目，如抑郁心境，躯体性焦虑，胃肠道症状及失眠等，故对于焦虑症与抑郁症，HAMA与HAMD一样，都不能很好地进行鉴别。

附表B 成人心理压力量表

请根据实际情形，从1几乎总是、2经常、3偶尔、4很少、5几乎不、6从来没有间，选取一个适当的值来作答。

1. 我一天至少吃一顿均衡的膳食。
2. 一星期中至少四天以上，我有充足的睡眠（7~8小时）。
3. 我经常付出，同时也接受情感。
4. 在我身旁，至少有一位值得信任并可依靠的亲人。
5. 一周至少运动两次（到出汗才算）。
6. 一星期喝酒不超过五次。
7. 一天抽烟不超过半包。
8. 由身高的比例来看，我体重适中。
9. 我的收入足敷生活上基本消费。
10. 我由信仰中得到力量。
11. 我经常参加社团、俱乐部。
12. 我有一伙好朋友及熟人。
13. 我至少有一个私事上可信赖的朋友。

14. 我身体各方面都很健康。

15. 当我生气或忧烦时，都能公开地表达出内心的感受。

16. 我与同住的人经常谈论日常生活中的问题。

17. 我一周至少有一次娱乐。

计分和评定：

所有题目得分相加计总分，总分40分以下表示压力管理良好。

参考文献

巴哈欧拉：《哲理名言——话中之话》，巴哈出版社，霍夫海姆［德］，1990。

（Bahá´u´llan: Worte der Weisheit-Verborgene Worte）

巴特盖：《极限状态》，费舍尔出版社，法兰克福［美茵河畔/德］，1992。

（R.Battegay: Grenzsituationen）

G.本尼德蒂：《环境造成的抑郁》，《积极心理治疗杂志》1983/6，第18—35页。

（G.Benedetti: Die umweltbedingten Depressionen）

K.比默：《焦虑：流行病学与预防》，胡贝尔出版社，伯尔尼［瑞士］/格丁根［德］，1994。

（K.Biemer: Streß:Epidemiologie und Prävention）

W.布劳伊蒂格姆/P.克里斯蒂安：《心身医学》，蒂梅出版社，斯图加德［德］，1993。

（W.Bräutigam/P.Christian: Psychosomatische Medizin）

A.杜尔森：《幼儿及青少年精神心理疾病》，范登霍克和鲁普雷希特出版社，格丁根，1981。

（A.Dührssen: Psychogene Erkrankungen bei Kindern und Jugendlichen）

S.弗洛伊德：《精神分析概论》，费舍尔出版社，法兰克福［美茵河畔/德］，1956。

（S.Freud: Abriß der Psychoanalyse）

E.海涅曼：《对抗心理——理解与克服），施普林格出版社，柏林［德］/海德堡［德］，纽约，1996。

（E.Heinemann: Aggression.Verstehen und bewältigen）

R.赫尔佐克［ed.］：《冲突管理——建议与启发》，《ADG》/8，蒙塔堡宫［德］，1995。

（R.Herzog［ed.］: Konflikt-Management.Anregungen）

SO.霍夫曼/G.霍赫阿普费尔：《神经症学——心理治疗与心身医学》，沙陶尔出版社，斯图加特/纽约，1995，第五版。

（SO.Hoffmann/G.Hochapfel: Neurosenlehre.Psychotherapeutische und Psychosomatische Medizin）

P.库特：《现代精神分析——无意识过程心理学入门》，国际出版社，慕尼黑［德］/维也纳［奥］，1989。

（P.Kutter: Moderne Psychoanalyse.Eine Einführung in die Psychologie unbewußter Prozesse）

H.吕布克：《工业社会中的人生意义》，施普林格出版社，柏林/海德堡/纽约，1990。

（H.Lübke: Der Lebenssinn der Industriegesellschaft）

A.卢卡斯/U.维特尔［ed.］：《管理》，盖博勒出版社，威斯巴登［德］，1993。

（A.Lukas/U.Vetter［ed.］: Management）

I.马克斯［ed.］：《焦虑——理解与克服》，施普林格出版社，柏林/海德堡/纽约，1993。

（I.Marks［ed.］: Ängste.Verstehen und bewältigen）

S.门佐斯：《对神经症冲突的处理 精神分析神经症学——导论与发展趋势》，费舍尔出版社，法兰克福［美茵河畔/德］，1992。

（S.Mentzos: Neurotische Konfliktverarbeitung. Einführung in die Psychoanalytische Neurosenlehre unter Berücksichtigung neuer Perspektiven）

N.佩塞施基安：《心身医学与积极心理治疗——跨文化及跨学科研究：40例病案分析》，施普林格出版社，柏林/海德堡/纽约，1993。

（N.Peseschkian: Psychosomatik und Positive Psychotherapie. Transkultureller und interdisziplinärer Ansatz am Beispiel von 40 Krankheitsbildern）

N.佩塞施基安：《〈商人与鹦鹉〉运用于积极心理治疗的东方故事》，费舍尔出版社，法兰克福［美茵河畔/德］，1996，第22版。

（N.Peseschkian: Der Kaufmann und der Papagai.Orientalische Geschichten in der Positiven Psychotherapie）

N.佩塞施基安：《对人生意义的探索——小步骤心理治疗》，费舍尔出版社，法兰克福［美茵河畔/德］，1993。

（N.Peseschkian: Auf der Suche nach Sinn.Psychotherapie der kleinen Schritte）

N.佩塞施基安：《积极心理治疗：希望是开启通往痊愈之门的钥匙》，载《自然与康复》杂志，慕尼黑，1996。

（N.Peseschkian: Positive Psychotherapie: Hoffnung ist der Schlüssel zur Heilung）

S.舌尼特-赫尔茨：《〈布里吉特〉杂志妇女顾问：如何克服焦虑状态》，戈德曼出版社，慕尼黑，1995。

（S.Schonert-Hirz: Der Brigitte Streß-Ratgeber für Franen）

C.施米茨/P.格斯特/B.海格特［ed.］：《管理》，奥尔出版社，海德堡，1992。

（C.Schmitz/P.Gester/B.Heitger［ed.］: Managerie）

M.沃尔弗斯多夫：《抑郁——理解与克服》，施普林格出版社，柏林/海德堡/纽约，1994。

（M.Wolfersdorf: Depression.Verstehen und bewältigen）